普通高等教育高职高专测绘类“十二五”规划教材

地形测量技术

主　编　牛志宏
主　审　宋萌勃

中国水利水电出版社
www.waterpub.com.cn

内 容 提 要

本书是为适应测绘新技术的应用和高职高专教学改革的发展需要，编写的与“教、学、做”一体化教学模式相匹配的教材。本书共分5个部分，包括：高程控制测量、平面控制测量、测量数据精度评定、地形测量、地形图的应用。本书是基于地形测图生产过程系统化教材，力求适应高职学生的学习特点和高职高专教育教学的要求。

本书可作为高职高专工程测量技术专业《地形测量技术》课程的教学用书，也可供测绘类专业和其他相关专业的工程技术人员参考使用。

图书在版编目（CIP）数据

地形测量技术 / 牛志宏主编. -- 北京 : 中国水利水电出版社, 2012.3 (2019.1重印)
普通高等教育高职高专测绘类“十二五”规划教材
ISBN 978-7-5084-9582-8

Ⅰ. ①地… Ⅱ. ①牛… Ⅲ. ①地形测量一高等职业教育一教材 Ⅳ. ①P217

中国版本图书馆CIP数据核字(2012)第049246号

书　　名	普通高等教育高职高专测绘类“十二五”规划教材 **地形测量技术**
作　　者	主编　牛志宏　　主审　宋萌勃
出版发行	中国水利水电出版社 （北京市海淀区玉渊潭南路1号D座　100038） 网址：www. waterpub. com. cn E－mail：sales@waterpub. com. cn 电话：（010）68367658（营销中心）
经　　售	北京科水图书销售中心（零售） 电话：（010）88383994、63202643、68545874 全国各地新华书店和相关出版物销售网点
排　　版	中国水利水电出版社微机排版中心
印　　刷	北京合众伟业印刷有限公司
规　　格	184mm×260mm　16开本　9.75印张　231千字
版　　次	2012年3月第1版　2019年1月第3次印刷
印　　数	4501—6000册
定　　价	**32.00**元

前言

本书是为适应测绘新技术的应用和高职高专教学改革的发展需要，编写的与“教、学、做”一体化教学模式相匹配的教材。可作为高职高专测绘工程专业学习《地形测量技术》课程的教学用书，也可供测绘类专业和其他相关专业的工程技术人员参考使用。

本书按照地形测图生产过程中依次完成主要任务，将教材内容分为高程控制测量、平面控制测量、测量数据精度评定、地形测量、地形图的应用5个部分，并对每个典型工作任务进行情景设计，形成基于地形测图生产过程系统化的教材，符合高职高专学生的学习特点，并与高职高专教育教学要求相一致，便于初学者学习。

本书由长江工程职业技术学院牛志宏担任主编。参加编写工作的人员有：祝婕（工作任务1学习情景1、学习情景2），刘飞（工作任务1学习情景3、学习情景4、学习情景5），徐健梅（工作任务2学习情景1、学习情景2、工作任务3），钱伶俐（工作任务2学习情景3、学习情景4、学习情景5），牛志宏（工作任务4学习情景1、学习情景4、学习情景5），郭涛（工作任务4学习情景2、学习情景3、学习情景6、学习情景7），王卿（工作任务5）参与编写。全书由牛志宏统稿，长江工程职业技术学院宋萌勃副教授主审。

由于作者水平有限，加之时间仓促，书中难面会有错误之处，恳请使用本书的老师和广大读者提出宝贵意见和建议，以便日后进一步修正和完善。

编　者

2011年12月

目录

工作任务1　高 程 控 制 测 量

学习情景1　高程控制测量概述

1.1.1　地球的形状和大小

地球表面是极其不规则的，高山、丘陵、平原、盆地、海洋等起伏变化，但这种起伏变化和庞大的地球半径（约6371km）比较起来是很小的。同时，就地球表面而言，海洋面积约占71%，陆地仅占29%，所以海水面所包围的形体基本上代表了地球的形状和大小。假想有一个静止的平均海水面，延伸至陆地下面形成一个封闭的曲面，这个曲面称为大地水准面（任一静止的液体表面称作水准面）。对不同的国家或地区来说，通过测验潮汐，确定平均海水面，作为该国家或地区的大地水准面。大地水准面所包围的形体称为大地体，大地体就代表了地球的形状和大小。

1.1.2　常用高程坐标系

（1）绝对高程系。地面点沿铅垂线方向至大地水准面的距离称为绝对高程，用 H 表示。由于大地水准面难以精确确定，通常以平均海水面代替大地水准面。我国以青岛验潮站1950～1956年的潮汐资料推求的平均海水面作为我国的高程基准面，并以此作为我国高程的统一起算面，称为1956年黄海高程系统。1987年5月，经国务院批准，国家测绘局宣布废止1956年黄海高程系统。根据青岛验潮站1952～1979年间的验潮资料，计算确定了新的国家高程基准面，将其作为全国高程的统一起算面，称为1985国家高程基准。1985年国家高程基准从1988年1月1日开始启用，以后凡涉及高程基准时，一律由原来的1956年黄海高程系统改用1985国家高程基准。如图1.1所示，地面点 A 和 B 的绝对高程分别为 H_A 和 H_B。

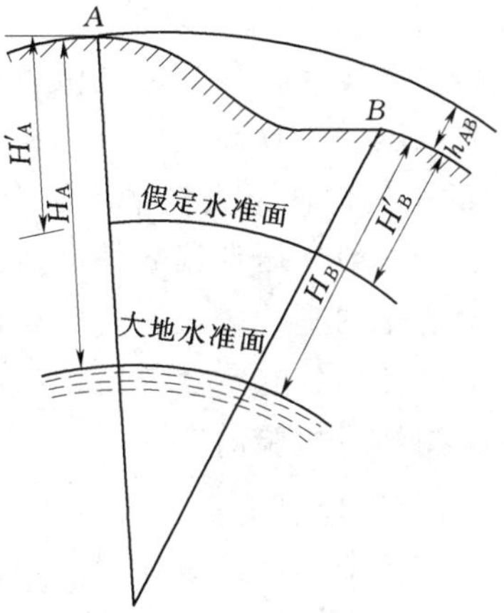

图1.1　高程系统

（2）相对高程系。地面点沿铅垂线方向至假定水准面的距离称为该点的相对高程，亦称为独立高程（用 H' 表示）。在图1.1中，地面点 A 和 B 的相对高程分别为 H'_A 和 H'_B。两点高程之差称为高差，以符号“h”表示。图1.1中，A、B 两点的高差为 $h_{AB}=H_B-H_A=H'_B-H'_A$。

在测量工作中，一般采用绝对高程，只有在偏僻地区，没有已知绝对高程点或相对独立的地区时，才采用相对高程。

1.1.3　高程测量方法

根据测量高程所用的仪器和测量原理的不同，高程测量的方法分为四种：几何水准测量、三角高程测量、GPS高程测量和气压高程测量。

（1）几何水准测量。几何水准测量精度最高，使用也最为广泛，是一切高程测量的基础。但是这种方法外业工作量大，施测的速度慢，仅限于平原或起伏不大的丘陵地区。几何水准测量分为国家等级水准、等外水准（也称为图根水准）。国家水准测量用于建立全国性的高程控制网，分为一等、二等、三等、四等。一等水准测量精度最高，二等、三等、四等的精度依次降低。等外水准精度低于四等水准，但能直接满足地形测量图和工程建设的需要。

（2）三角高程测量。三角高程测量主要用在起伏较大的山区，快速测量地面点的高程。它主要通过测量两点间的距离和竖直角，采用三角函数公式计算两点间高差的方法来推算待定点的高程。这种方法速度快，但精度低，只能满足图根高程控制测量的要求，主要分为独立交会高程测量、三角高程导线测量、光电测距三角高程测量等。

（3）GPS高程测量。GPS高程测量是利用全球定位系统（GPS）测量技术直接测定地面点的大地高，或间接确定地面点的正常高的方法。在用GPS测量技术间接确定地面点的正常高时，当直接测得测区内所有GPS点的大地高后，再在测区内选择数量和位置均能满足高程拟合需要的若干GPS点，用水准测量方法测取其正常高，并计算所有GPS点的大地高与正常高之差（高程异常），以此为基础利用平面或曲面拟合的方法进行高程拟合，即可获得测区内其他GPS点的正常高。此法精度已达到厘米级，应用越来越广。GPS高程测量主要分为等值线图法、大地水准面模型法、拟合法等。

（4）气压高程测量。气压高程测量是根据大气压力随高程变化的规律，用气压计测定两点的气压差推算高差的方法。大气压力常以水银柱高度表示，温度为0℃时，在纬度45°处的平均海面上大气平均压力约为760mm水银柱。每升高约11m，大气压力减少1mm水银柱。一般气压计读数精度可达0.1mm水银柱，约相当于1m的高差。由于大气压力受气象变化的影响较大，气压高程测量精度较低，主要用于高差较大的丘陵地和山区的勘测工作。常用的有空盒气压计和水银气压计，前者便于携带，多用于野外作业，后者常用于固定测站或检验前者。

1.1.4 高程控制测量

在测量工作中，要确定地面点的空间位置，不但要确定地面点的平面坐标，而且要确定地面点的高程。我们把确定地面点高程的工作成为“高程测量”。

“误差”贯穿于与整个测量过程，为了使测量误差的累积得到控制，以保证图纸上所测绘的内容精度均匀，使相邻图幅之间正确拼接，从而满足工程建设的需要，在测绘地形图之前应先进行“控制测量”。所谓“控制测量”，就是使整个测区的测量误差不超出一定范围而进行的测量工作，即先在整个测区范围内以较高精度测定少量地面点的平面位置和高程。这些少量的地面点称为控制点，把相关的控制点联系起来，构成一定的几何形状，在测量上称为控制网。而高程控制测量指的是精确测定控制点高程的工作。

1.1.5　高程控制网概述

高程控制测量首先要在测区建立高程控制网，为了便于地形图测绘、建筑物施工放样以及进行科学研究工作而需要进行高程测量。我国在全国范围内建立一个统一的高程控制网，高程控制网由一系列的水准点构成，沿水准路线按一定的距离埋设固定的标志称为水准点，水准点分为临时性水准点和永久性水准点。等级水准点埋设永久性标志，三等、四等水准点埋设普通水准标石，如图1.2所示。图根水准点可根据需要埋设永久性水准点或临时性水准点，临时性水准点以埋设木桩或在水泥板、石头上用红油漆画出临时标志表示。

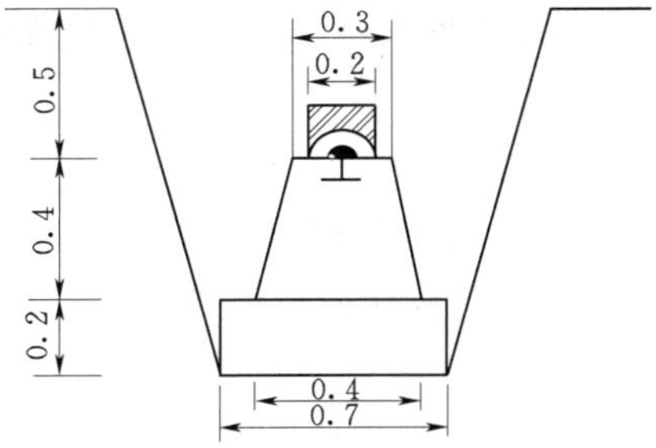

图1.2　混凝土普通水准标石（单位：m）

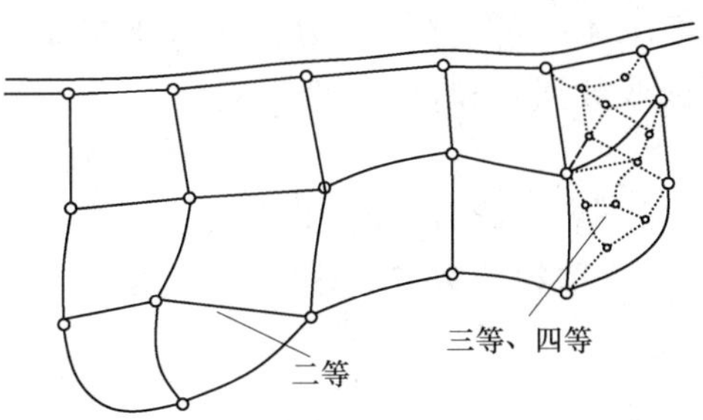

图1.3　国家等级水准网布设示意图

1. 国家高程控制网

国家高程控制网分为一等、二等、三等、四等四个等级。一等、二等水准网是国家高程控制的基础，一等、二等水准路线一般沿着铁路、公路进行布设，形成闭合水准网或附合水准网，用精密水准测量方法测定其高程；三等、四等水准测量主要用于一等、二等水准测量的加密，作为地形测量和工程测量的高程控制，布设成闭合水准路线和附合水准路线。国家等级水准网布设示意图如图1.3所示。

2. 图根高程控制网

为了满足测图的需要，测定图根点的高程称为图根控制测量，图根高程控制网可以布设为水准网及三角高程网。图根水准测量按五等水准测量方法测定其高程。图根高程网可采用水准测量方法或三角高程测量方法施测。

3. 高程控制网的施测方法

三等、四等高程控制网的施测方法一般采用水准测量方法。

在地形测量中，高程控制测量一般分为基本高程控制和加密高程控制，基本控制测量一般采用三等、四等及以上等级水准测量，加密一般采用等外水准测量及三角高程测量。

练　　习

1. 什么是大地水准面及大地体？
2. 什么是绝对高程、相对高程？
3. 什么叫高程控制测量？高程控制测量的方法有哪几种？

学习情景2　普 通 水 准 测 量

学习单元 2.1　水准测量的基本概念

2.1.1　水准测量的概念

水准测量是利用水准仪所提供的水平视线来测定两点间的高差，根据某一已知点的高程和两点间的高差，计算另一待定点的高程。

2.1.2　水准测量的原理

如图 1.4 所示，在 A、B 两点分别竖立水准尺，利用水准仪提供的水平视线在水准尺上分别读取数据 a 和 b，则两点间高差

$$h_{AB}=a-b \tag{1.1}$$

式中　a——后视读数（简称后视），通常是已知高程点 A 的水平视线截尺读数；

b——前视读数（简称前视），是未知高程点 B 的水平视线截尺读数。

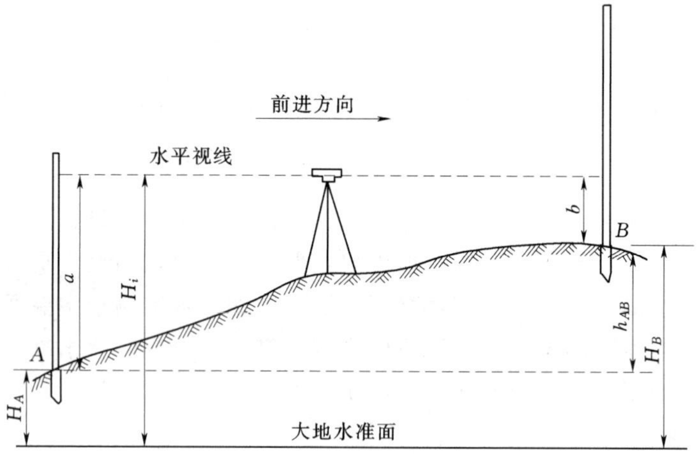

图 1.4　水准测量原理

两点的高差，等于后视读数减前视读数。高差有正负值，当后视读数 a 大于前视读数 b（即地面 B 点高于 A 点），高差 h_{AB} 为正值，反之为负值。测得 A 点至 B 点的高差后，可求得 B 点的高程，即

$$H_B=H_A+h_{AB} \tag{1.2}$$

式（1.2）是通过高差计算而求得 B 点的高程。高程的计算也可以用视线高程的方法进行计算，即

$$H_B=(H_A+a)-b=H_i-b \tag{1.3}$$

式中　H_i——视线高程，等于已知 A 点的高程 H_A 加 A 点尺上的后视读数 a。

用高差法计算点的高程，适用于在一个测站上有一个后视读数和一个前视读数；视线高程法适用于一测站上有一个后视读数和多个前视读数。每一个测站只有一个视线高程 H_i（作为每一站的常数），分别减去各待测点上的前视读数，即可求得各点的高程。

当 A、B 两点间距离较远或高差较大时，必须设置多个测站才能测定出高差 h_{AB}。由

图 1.5 可知

$$h_1 = a_1 - b_1$$
$$h_2 = a_2 - b_2$$
$$\vdots$$
$$h_n = a_n - b_n$$
$$h_{AB} = h_1 + h_2 + \cdots + h_n = \sum_{i=1}^{n} h_i = \sum a - \sum b \tag{1.4}$$

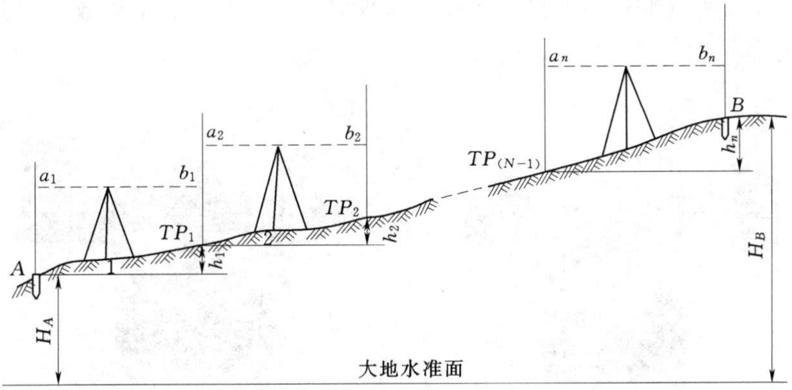

图 1.5　分段水准测量

图 1.5 中的立尺点 TP_1、TP_2、TP_3 称为转点，是测量过程中临时选定的，在确定 B 点的高程工作中，转点起到传递高程的作用。此时

$$H_B = H_A + h_{AB} = H_A + \sum a - \sum b \tag{1.5}$$

学习单元 2.2　高 程 测 量 仪 器

2.2.1　水准仪、水准尺和尺垫

2.2.1.1　常用水准仪

1. 水准仪的分类

水准仪按测量精度分为 DS_{05}、DS_1、DS_3。“D”，“S”分别是“大地测量”和“水准仪”的汉语拼音的第一个字母。下标数字表示这些型号的仪器每公里往返测高差中数的中误差，以毫米为单位。DS_{05}、DS_1 型属于精密水准仪，DS_{05} 型主要用于国家一等、二等水准和精密工程测量，DS_1 型主要用于国家二等水准和精密工程测量。DS_3 型为普通水准仪，可用于一般工程建设测量、国家三等、四等水准测量，是目前工程上使用最普遍的一种。

按水准仪结构分类，目前主要有微倾式水准仪、自动安平水准仪和电子水准仪三种。

(1) 微倾水准仪。借助微倾螺旋获得水平视线。其管水准器分划值小、灵敏度高。望远镜与管水准器联结成一体。凭借微倾螺旋使管水准器在竖直面内微作俯仰，符合水准器居中，视线水平。

(2) 自动安平水准仪。借助自动安平补偿器获得水平视线。当望远镜视线有微量倾斜时，补偿器在重力作用下对望远镜作相对移动，从而迅速获得视线水平时的标尺读数。这种仪器较微倾水准仪工效高、精度稳定。

(3) 电子水准仪。利用激光束代替人工读数。将激光器发出的激光束导入望远镜筒内使其沿视准轴方向射出水平激光束。在水准标尺上配备能自动跟踪的光电接收靶，即可进行水准测量。

2. 水准仪的结构及各部件功能

本节主要以拓普康自动安平水准仪为例介绍其的基本结构。

拓普康自动安平水准仪主要由望远镜、水准器、基座和三脚架组成。仪器主要部件的名称如图1.6所示。

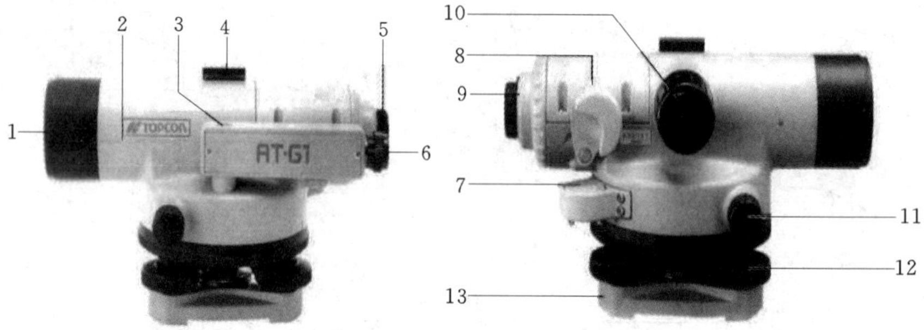

图1.6　拓普康水准仪

1—望远镜物镜；2—光学测微照安装定位指标；3—分划尺照明窗；4—瞄准器；5—望远镜目镜；6—水平度盘读数目镜；7—圆水准器；8—圆水准器观测镜；9—目镜盖；10—调焦螺旋；11—水平微动螺旋；12—整平脚螺旋；13—基座底板

(1) 望远镜。望远镜是用来精确瞄准远处目标的。望远镜由物镜、目镜、十字丝和对光镜筒构成（图1.7）。物镜和目镜采用多块透镜组合而成，对光透镜由单块透镜或多块透镜组合而成。转动物镜对光螺旋即可带动对光透镜在望远镜筒内前后移动，使物像清晰地反映到十字丝平面上。转动目镜对光螺旋，使十字丝像清晰。

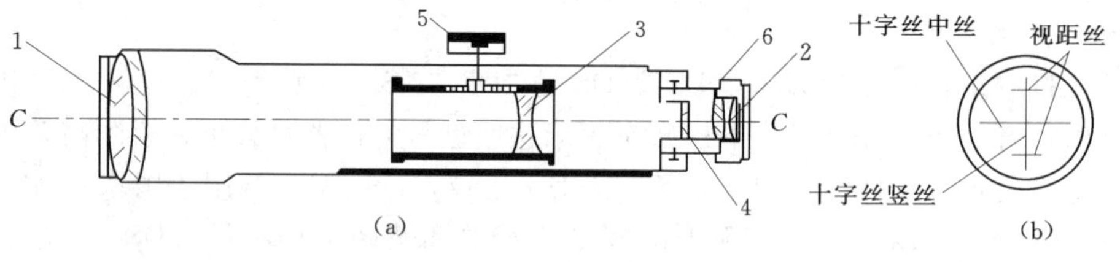

图1.7　望远镜构造

1—物镜；2—目镜；3—调焦透镜；4—十字丝分划板；5—物镜对光螺旋；6—目镜调焦螺旋

十字丝是纵横的两根长细线，竖线是十字丝的纵丝，中间的横线是十字丝的横丝。十字丝刻在一块圆形的玻璃片上，称为十字丝分划板，它装在十字丝环上，再用螺丝固定在望远镜筒内。十字丝交点与物镜光心的连线称为视准轴（图1.7的 $C—C$ 轴）。视准轴的延长线为视线，它是瞄准目标的依据。十字丝横丝上下的两根短丝是测距时用的，以后再作介绍。

望远镜可以沿水平方向左右转动。

(2) 圆水准器。圆水准器是供整平仪器用的。如图 1.8 所示，圆水准器是一封闭的玻璃圆盒，顶面的玻璃内表面研磨成球面，球面的正中刻画有圆圈。圆圈的中心称为零点，通过零点的法线 $L'L'$，称为圆水准轴。当气泡居中时，圆水准轴就处于铅垂位置。指示仪器的竖轴也处于铅垂位置。圆水准器的气泡每移动 2mm，圆水准轴相应倾斜的角度，称为圆水准器分划值，一般为 $8'\sim10'$。在自动安平水准仪中，圆水准器作为整平使用。

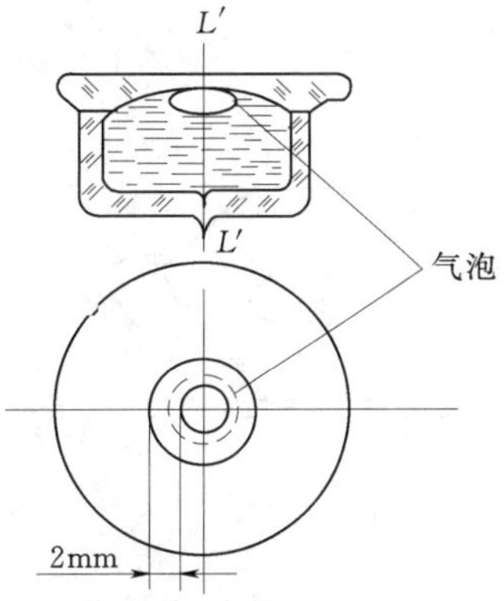

图 1.8 圆水准器

在微倾式水准仪中，圆水准器只作为粗略整平使用，在该水准仪中还存在一个水准管，作为精确整平使用。

(3) 基座及三脚架。基座由轴座、脚螺旋和连接板组成。仪器上部通过竖轴插入轴座内，由基座承托，旋紧中心螺旋，使仪器与三脚架相连接。三脚架由木质（或金属）制成，脚架一般可伸缩，便于携带及调整仪器高度。

2.2.1.2 高程测量的工具

1. 水准尺

水准尺是水准测量的重要工具（图 1.9），它是用优质木料或塑料制成。水准尺的零点一般在尺的底部，尺的刻划是黑（红）白相间，每格是 1cm 或 0.5cm，每分米处均注数字。超过 1m 有的加注红点，如有 2 个红点表示整米数为 2m；有的米数用数字表示，如 15 则表示 1.5m。

水准尺一般分为双面水准尺和塔尺两种。双面尺尺长 3m，一面为黑面分划，黑白相间，尺底为零；另一面为红面分划，红白相间，尺底为一常数（如 4.687m 或 4.787m）。普通水准测量用黑面读数，三等、四等水准测量用黑、红面尺读数进行校核。塔尺可以伸缩，尺长一般为 5m，适用于普通水准测量。

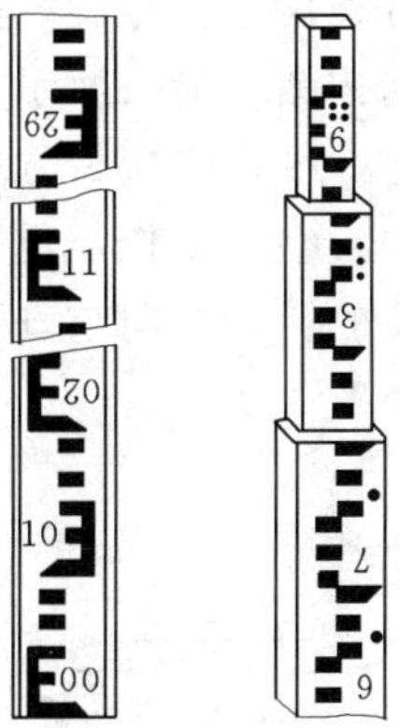

(a) (b)

图 1.9 塔尺

2. 尺垫

尺垫顶面是三角形或圆形，用生铁铸成或铁板压成，中央有突起的半圆顶（图 1.10）。使用时将尺垫压入土中，在其顶部放置水准尺。应用尺垫的目的是临时标志点位，并避免土壤下沉和立尺点位置变动而影响读数。

2.2.1.3 精密水准仪

精密水准仪主要用于国家的一等、二等精密水准测量、地震水准测量、大型桥梁的施工测量以及大型的机械安装测量等，在土建工程中，也用于如房屋建筑物的沉降观测、桩基试验的沉降观测以及建筑构件试验的挠度观测等，应用较广。

精密水准仪为 DS_1 级和 DS_{05} 级，DS_{05} 级精度最高。精密水准仪的望远镜放大率大、亮度好，水准管灵敏度高，仪器结构稳定，读数精确，仪器密封性能好。

图 1.11 为威特 N_3 型水准仪。望远镜放大率为 42 倍。水准管分划值为 $10''$，平行玻

璃板测微器直读 0.1mm，估读 0.01mm。

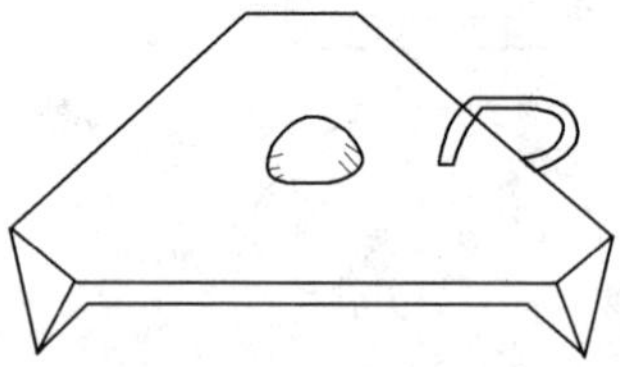

图 1.10 尺垫

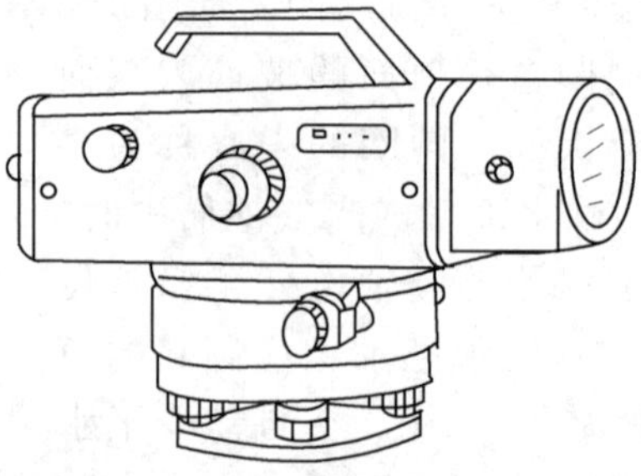

图 1.11 威特 N_3 型水准仪

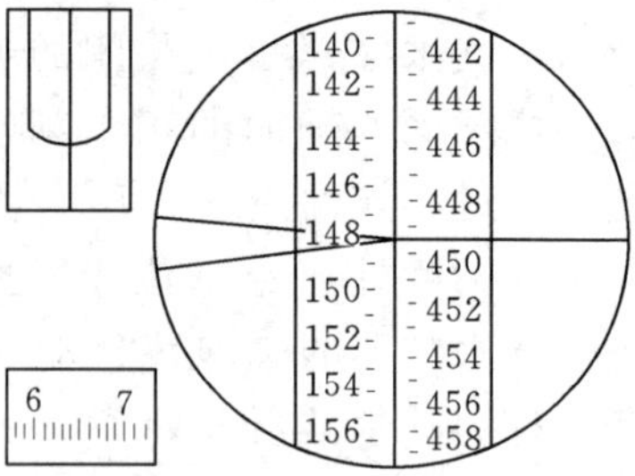

图 1.12 铟钢水准尺上读数

威特 N_3 型水准仪附有铟钢水准尺一副，尺面有二排分划线，相邻分划线的长度为 1cm，每隔 2cm 注一数字。正对尺面右侧（在望远镜的尺像为左侧）为基本分划，注记从零开始。左侧（尺像为右侧）为辅助分划，注记从 301.550cm 开始。在同一水平线上尺上基、辅分划读数差值为 301.550cm，以便观测时进行校核，如图 1.12 所示。

在瞄准水准尺进行读数时，先转动微倾螺旋使水准管气泡居中（水准管气泡两端半像符合），再转动测微轮使十字丝的楔形丝恰好夹住某一基本分划线，如图中的 152cm 分划线，在测微窗上读取读数为 562（尾数估读），实际读数为 0.562cm，两数相加为 152.562cm，然后再按上法读辅助分划的读数。

2.2.2 水准仪的使用

1. 水准仪的安置

在设测站的地方，打开三脚架，将仪器安置在三脚架上，旋紧中心螺旋。仪器安置高度要适中，三脚架头大致水平，并将三脚架的脚尖踩入土中。

2. 粗略整平

粗略整平是旋转脚螺旋使圆水准器气泡居中，从而使仪器大致水平。转动脚螺旋使气泡居中如图 1.13 所示，当气泡偏离如图 1.13（a）所示的位置时，可旋转任意两个脚螺旋。两手应反向转动。例如气泡偏离左边，转动①、②两个脚螺旋，其转动方向按图中箭头所示方向进行，使气泡从如图 1.13（a）所示位置转至如图 1.13（b）所示位置。然后按箭头方向转动另一个脚螺旋③使气泡向中心移动。按此方法多次进行，使气泡居中。整平工作，也可以先转动一个脚螺旋，然后转动其余的两个脚螺旋，使气泡居中。脚螺旋的转动方向与气泡的移动方向的规律是：气泡移动的方向与左手大拇指转动脚螺旋的方向一致。

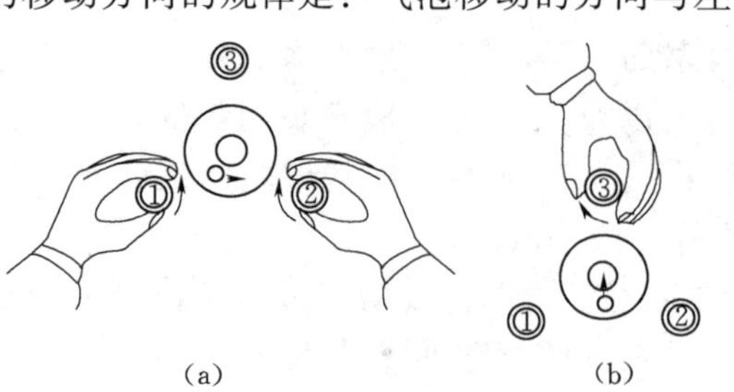

图 1.13 粗略整平

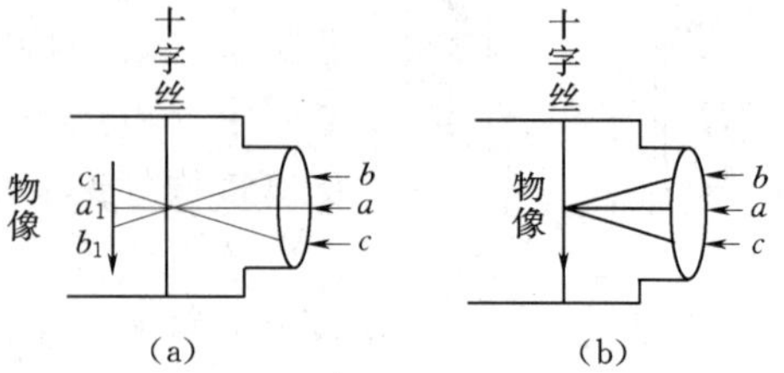

图 1.14 视差产生及消除

（a）存在视差；（b）消除视差

3. 瞄准水准尺

转动目镜对光螺旋，使十字丝清晰，然后松开水平制动螺旋，转动望远镜，利用望远镜上部的准星与缺口照准目标，旋紧制动螺旋，再转动物镜对光螺旋，使目标的像清晰，此时目标的像不完全在中间位置，可转动微动螺旋，对准目标。

在读数之前，将眼睛在目镜端上下（或左右）微小移动，若发现十字丝和物像有相对移动，眼睛分别位于 b、a、c 位置时，看到十字丝交点相应对着物像的 a_1、b_1、c_1 点如图 1.14（a）所示，出现这样的现象称为视差。产生视差的原因是由于对光工作没有做好，像平面不与十字丝分划板平面重合。要消除视差必须再次进行目镜对光（使十字丝清晰）和物镜对光（使物像清晰），以达到像平面与十字丝分划板平面相重合，如图 1.14（b）所示。

4. 精平与读数

精平工作，就是在读数之前必须转动微倾螺旋，是水准管气泡居中（水准管气泡两边的影像吻合）。然后以十字丝中横丝读出尺上的数值。读数时应注意尺上注字由小到大的顺序，读出米、分米、厘米。估读至毫米。如图 1.15 所示的读数为 1.356m。

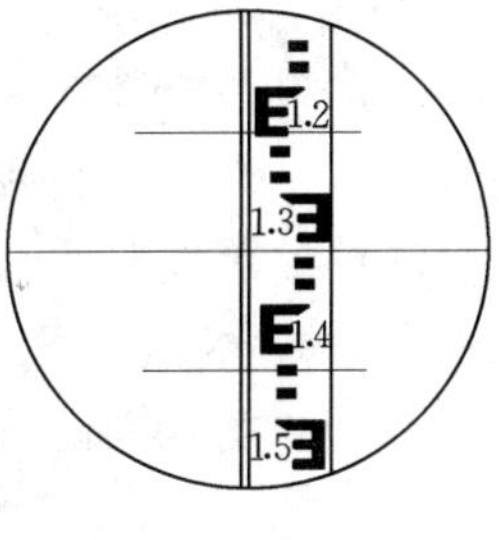

图 1.15　水准尺上读数

这里有必要指出的是：在同一测站，对准另一目标时，水准管气泡都有偏离；每对准一个目标，都必须转动微倾螺旋使水准管气泡居中才能读数。

5. 使用水准仪应注意的事项

（1）搬运仪器前，应检查仪器箱是否扣好或锁好，提手或背带是否牢固。

（2）从箱内取出仪器时，应先记住仪器和其他附件在箱内安放的位置，以便用完后照原样装箱。

（3）安置仪器时，注意拧紧脚架的架腿螺旋和架头连接螺旋；仪器安置后应有人守护，以免外人扳弄损坏。

（4）操作仪器时用力要均匀轻巧，微动螺旋不能拧到极限。当目标偏在一边用微动螺旋不能调至正中时，应将微动螺旋反松几圈（目标偏离更远），再松开制动螺旋重新照准。

（5）迁移测站时，如果距离较近，可将仪器侧立，左臂夹住脚架，右手托住仪器基座进行搬迁；如果距离较远，应将仪器装箱搬运。

（6）在烈日下或雨天进行观测时，应撑伞遮住仪器，以防曝晒或淋雨。

（7）仪器用完后应清去外表的灰尘和水珠，但切忌用手帕擦拭镜头。需要擦拭镜头时，应用专门的擦镜纸或脱脂棉。

（8）仪器应存放在阴凉、干燥、通风和安全的地方，注意防潮、防霉，防止碰撞或摔跌损坏。

学习单元 2.3　普通水准测量

2.3.1　普通水准测量的方法

普通水准测量又称为等外水准测量。它是地形测量、断面测量及航测外业获得图根高程点的方法。其精度低于四等水准测量的精度，但操作比较简单，工作速度快，在很多对精度要求不高的情况下常常选择其作为测量方法。

一个完整的普通水准测量的过程包括：前期准备、水准路线的拟定、选点、埋石、观测、计算等工作。

1. 水准路线的选定

为了便于观测和计算各点的高程，并检查和发现测量中可能产生的错误，必须将各点组成一条适当的施测路线（称为水准路线），使之有可靠的校核条件。在水准路线上，两相邻水准点之间称为一个测段。水准路线有以下三种形式。

（1）闭合水准路线。闭合水准路线是由一个已知高程的水准点开始观测，顺序测量若干待测点，最后测回到原来开始的水准点。如图 1.16（a）所示，已知水准点 A 的高程，由 A 开始，顺序测定 1、2、3、4 点，最后从第 4 点测回到 A 点，构成闭合水准路线。

（2）附合水准路线。由一个已知高程的水准点开始，顺序测定若干个待测点，最后连续测到另一个已知高程水准点上，构成附合的水准路线，如图 1.16（b）所示。

（3）支水准路线。由已知水准点开始测若干个待测点之后，既不闭合也不附合的水准路线称为支水准路线。支水准路线不能过长。图 1.16（c）为支水准路线的 A 点（高程已知）引出的支水准路线 A—1—2。

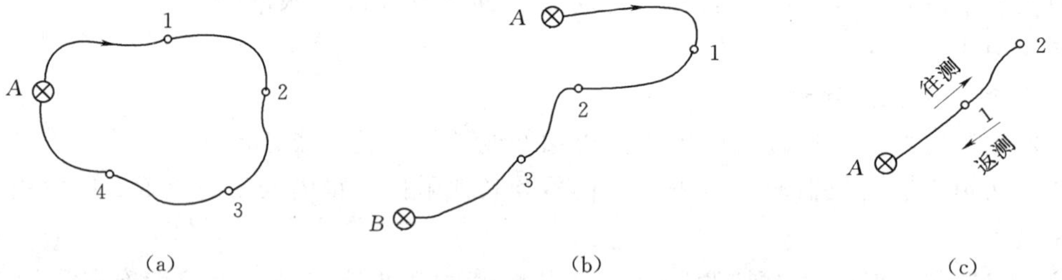

图 1.16 水准路线布设形式

（a）闭合水准路线；（b）附合水准路线；（c）支水准路线

2. 水准点的确立

用水准测量方法确定的高程控制点称为水准点（一般以 BM 表示）。水准点应按照水准路线等级，根据不同性质的土壤及实际需要，每隔一定的距离埋设不同类型的水准标志或标石（详见国家水准测量规范）。

现将工程中常用的水准点标志简述如下。水准点有永久性和临时性两种，永久性水准点由石料或混凝土制成，顶面设置半球状标志，在城镇区也有在稳固的建筑物墙上设置墙上水准点。图 1.17（a）为国家二等、三等水准点，图 1.17（b）为墙上水准点。图 1.17（c）为临时性的水准点，可打下木桩，桩顶用水泥砂浆保护。

3. 普通水准测量施测

图 1.18 为按普通水准测量技术要求进行两点间高差观测的示意图。BM_A 为已知水准点，其高程 $H_A=32.432$m；BM_B 为待定高程的水准点。观测方法如下：

（1）在已知点 A 立水准尺作为后视尺，选择合适的地点为测站，再选合适的地点为转点 TP_1，踏实尺垫，在尺垫上立直前视尺。要求水准尺与水准仪之间的水平距离即视线长度不大于 150m；前视距离与后视距离大致相等。

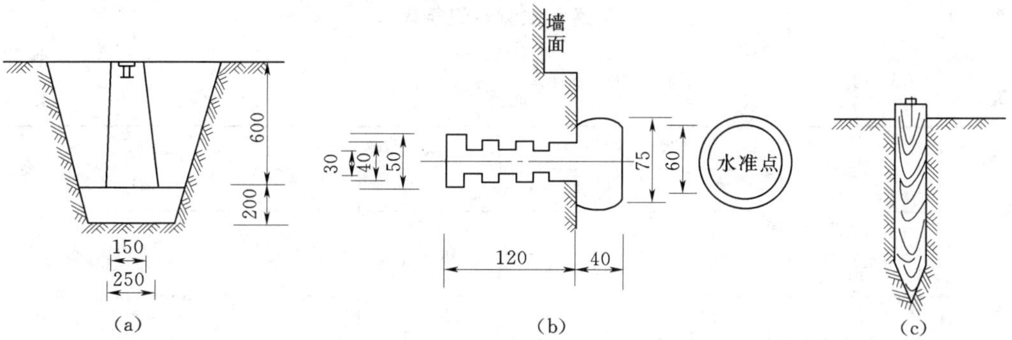

图 1.17 永久水准点（单位：mm）

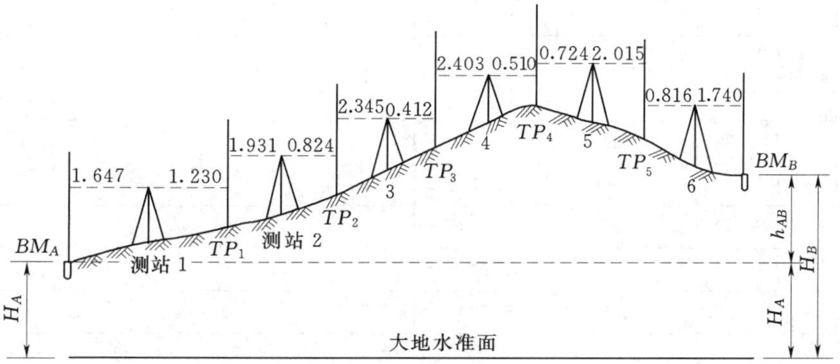

图 1.18 普通水准测量（单位：m）

（2）观测者首先将水准仪粗平；然后瞄准后视尺，水准仪精平，读数；再瞄准前视尺，精平，读数，记录者同时记录并计算出一个测站的高差。

（3）记录者计算完毕，通知观测者搬往下一个测站。原后尺手也同时前进到下一个站的前视点 TP_{21}。原前尺手在原地 TP_1 不动，把尺面转向下一个测站，成为后视尺。按照前一站的方法观测。重复上述过程，一直观测至待定点 BM_B。

（4）记录者在现场应完成每页记录手簿的计算校核项，即

$$h_{AB}=\sum a-\sum b=\sum h \tag{1.6}$$

2.3.2 普通水准测量的记录方法、注意事项

普通水准测量的记录方法如表 1.1 所示。

普通水准测量注意事项：

（1）在测量工作之前，应对水准仪进行检验校正。

（2）仪器应安置在稳固的地面上，以减少仪器下沉。在光滑地面上安置仪器时，为防脚架滑动应采取防滑措施。

（3）在水准点（已知点或待定点）上立尺时，不得放尺垫。

（4）仪器不能让雨淋或烈日曝晒，应撑伞遮挡。

（5）前后视距离应大致相等，以消除或减少仪器有关误差及地球曲率与大气折光的

影响。

表 1.1　　普通水准测量记录表

日期　　　　仪器　　　　观测

天气　　　　地点　　　　记录

测站	测点	水准尺读数（m）		高差（m）		高程（m）	备注
		后视（a）	前视（b）	+	−		
Ⅰ	BM_1	1.647		0.417		32.430	
	TP_1		1.230				
Ⅱ	TP_1	1.931		1.107			
	TP_2		0.824				
Ⅲ	TP_2	2.345		1.933			
	TP_3		0.412				
Ⅳ	TP_3	2.403		1.893			
	TP_4		0.510				
Ⅴ	TP_4	0.724			1.291		
	TP_5		2.015				
Ⅵ	TP_5	0.816			0.933	35.558	
	BM_B		1.749				
$\sum$		9.866	6.740	5.350	2.224		
计算校核		$\sum a-\sum b=9.866-6.740=+3.126$ $\sum h=5.350-2.224=+3.126$ $H_B-H_A=35.558-32.432=+3.126$					

(6) 每次读数前，应调节微倾螺旋，使水准管气泡居中，然后读数。读数后还应检查气泡是否居中。

(7) 在观测员未迁站之前，后视点尺垫不能提动。

(8) 读数时，记录员要复述，以便核对；记录要整齐、清楚；记录有误不准擦去及涂改，应划去重写。

(9) 有正、负意义的量，在记录计算时都应带上“+”、“−”号，正号不能省略。

(10) 作业人员应在手簿的相应栏内签名，并填注作业日期、开始及结束时间、天气及观测情况、使用仪器型号等。

练　　习

1. 什么是后视、前视？
2. 什么是转点？转点的作用是什么？
3. 什么是视差？产生视差的原因是什么？如何消除？
4. 水准测量中为什么要求前后视距离相等？
5. 单一水准路线可以布设成哪几种形式？各适用于什么情况？

学习情景3 三、四等水准测量

学习单元3.1 三、四等水准测量技术指标

在一般地形测图和施工测量中，多采用三、四等水准测量作为首级高程控制。在进行高程控制测量之前首先必须根据精度要求和实际需要来确定高程控制测量的精度等级，从而进一步确定测区水准点的密度、水准点标志、标石埋设以及野外观测精度应满足的相关要求和规定。水准测量按测量的精度和用途分为国家水准测量、工程水准测量和等外水准测量。其中国家水准测量四个等级，一等水准测量、二等水准测量、三等水准测量和四等水准测量。这里主要介绍三、四等水准测量实测的技术要求，见表1.2。其他的技术要求参看《国家三、四等水准测量规范》(GB 12898—2009)。

表1.2　三、四等水准测量主要技术要求

等级	视距(m)	高差闭合差		视线高度	前后视距差(m)	前后视距累积差(m)	黑红面读数差(mm)	黑红面所测高差之差(mm)
		平地	山区					
三等	≤75	$\pm12\sqrt{L}$	$\pm4\sqrt{n}$	三丝能读数	≤2.0	≤5.0	±2.0	±3.0
四等	≤100	$\pm20\sqrt{L}$	$\pm6\sqrt{n}$	三丝能读数	≤3.0	≤10.0	±3.0	±5.0

注　其中L为水准路线的长度；n为测站数。

学习单元3.2 三、四等水准测量观测程序

三、四等水准测量的观测应在通视条件良好、成像清晰稳定的情况下进行。四等水准测量一测站的观测顺序。

(1) 安置好水准仪，整平。

(2) 瞄准后尺黑面，读取上、下、中丝读数并记录。

(3) 瞄准后尺红面，读取中丝读数并记录。

(4) 瞄准前尺黑面，读取上、下、中丝读数并记录。

(5) 瞄准前尺红面，读取中丝读数并记录。

这样的观测顺序简称为“后—后—前—前”或者“黑—红—黑—红”。

学习单元3.3 三、四等水准测量记录与计算

3.3.1 三、四等水准测量的记录

三、四等水准测量主要以表格的形式进行记录与计算（表1.2)。表格中为观测记录的原始数据。其中(1)、(2)、(5)、(6)为后前尺黑面的上下丝读数，(3)、(4)、(7)、(8)为后前尺黑红面的中丝读数。

表 1.3 **三、四等水准测量记录表**

时间：　　年　　月　　日　　　　　天气：　　　　　　　　　　成像：

仪器及编号：　　　　　　观测者：　　　　　记录者：　　　　　第　　页

测站编号	后尺 上丝 / 下丝 / 后视距 / 视距差 d (m)	前尺 上丝 / 下丝 / 前视距 / $\sum d$ (m)	方向及尺号	中丝读数 (mm)		黑＋K－红 (mm)	高差中数 (m)	备注
				黑面	红面			
0	(1)	(5)	后	(3)	(4)	(13)	(18)	
	(2)	(6)	前	(7)	(8)	(14)		
	(9)	(10)	后－前	(15)	(16)	(17)		
	(11)	(12)						
1	2121	2196	后	1934	6621	0	－0.0745	$K_1=4687$
	1747	1821	前	2008	6796	－1		$K_2=4787$
	37.4	37.5	后－前	－0074	－0175	＋1		
	－0.1	－0.1						
2	1571	0739	后	1384	6171	0	＋0.833	
	1197	0363	前	0551	5238	0		
	37.4	37.6	后－前	＋0833	＋0933	0		
	＋0.2	＋0.1						
3	1508	1473	后	1276	5963	0	＋0.041	
	1043	1002	前	1236	6021	－1		
	46.5	47.1	后－前	＋0040	－0058	－1		
	－0.6	－0.5						
4	0625	1034	后	0366	5151	＋2	－0.3820	
	0062	0460	前	0747	5434	0		
	56.3	57.4	后－前	－0381	－0.283	＋2		
	－1.1	－1.6						

复核：

3.3.2 测站计算与校核

三、四等水准测量记录表见表 1.3，(9)、(10) 为后前视距长度，(11) 为后前视距差，(12) 为后前视距累积差，(13)、(14) 为黑红面读数之差，(15)、(16) 为黑、红面所测高差，(17) 为黑红面高差之差。对于四等水准测量中 (9) ～ (17) 数据对应都有相应的限差要求，具体参见《国家三、四等水准测量规范》(GB/T 12898—2009)。主要计算内容如下：

1. 视距计算

后视距(9)＝[(1)－(2)]÷1000×100

前视距(10)＝[(5)－(6)]÷1000×100

后前视距差(11)＝(9)－(10)

后前视距累积差(12)＝前站的(12)＋本站的(11)

2. 同一水准尺黑红面读数的计算与检核

(13)＝(3)＋$K_{后}$－(4)

(14)＝(7)＋$K_{前}$－(8)

3. 计算黑、红面高差之差

黑面所测高差(15)＝(3)－(7)

红面所测高差(16)=(4)−(8)

黑红面所测高差之差(17)=(15)−[(16)±100] 检核

4. 计算平均高差

测站高差(即高差中数)(18)={(15)+[(16)±100]}÷2

此处计算结果保留三位小数，即精确到毫米位，数位的进取按照“奇进偶不进”原则。若计算高差值为−0.0745m应记为−0.074；若计算高差值为−0.0755m，则应记为−0.0756m。

5. 测段高差计算

测段高差=∑(18)

6. 测段视距计算

测段视距=∑(9)+∑(10)

练 习

1. 三、四等水准测量对仪器有什么要求？测站的观测程序是怎样的？测站的观测限差有哪些？

2. 表1.4为四等水准测量的记录手簿，试完成表中各种计算和计算校核。

表1.4 **四等水准测量的记录手簿**

测站编号	后尺 上丝 / 下丝 / 后视距 / 视距差 d	前尺 上丝 / 下丝 / 前视距 / $\sum d$	方向及尺号	中丝读数(mm) 黑面	中丝读数(mm) 红面	黑+K−红(mm)	高差中数(m)	备注
1	1842	1213	后	1628	6315			
	1415	0785	前	0999	5787			
			后−前					
2	1645	2033	后	1364	6150			
	1082	1459	前	1746	6434			
			后−前					
								$K_1=4687$
3	1918	1839	后	1620	6306			$K_2=4787$
	1322	1253	前	1546	6334			
			后−前					
4	1774	0910	后	1576	6364			
	1388	0526	前	0718	5405			
			后−前					
检核								

学习情景4 高程控制测量成果整理

学习单元4.1 外业工作检查

在进行内业计算之前必须对外业观测的原始数据和计算数据进行认真的检查和核对并进行初步的闭合差计算，为内业平差奠定基础。

外业数据检查主要是针对规范中规定有限差要求的内容是否满足要求，主要有：视距长度、视距差、视距累计差、黑红面读数之差、黑红面所测高差之差。特别注意的是数据应由不同的人反复检查，不要盲目进行重测，绝大部分可能是数据算错了导致闭合差超限。例如某水准路线初步计算的闭合差超限差达101mm，原因很可能是计算高差中数的时候正负号出现错误或在红面高差加减100mm出错。像这样的问题只需要认真检查就能解决，假如不认真检核盲目去重测就会耽误工期和浪费人力等。

学习单元4.2 高程控制测量平差计算

平差计算主要是将偶然误差消除或减弱以求得最或是值，高程平差计算就是根据已知点的高程值和观测的高差值，通过平差处理求出待定点的最或是值。

4.2.1 平差计算三步曲

不管是哪种类型观测值的平差计算，其平差的步骤主要分为三步。

（1）闭合差计算：观测值与理论值的差值。

（2）改正数计算：对闭合差进行调整，求出观测值对应的改正值。

（3）改正观测值：对观测结果进行改正。

4.2.2 高程控制测量平差计算

外业数据经验核无误后，就可以进行内业的数据处理即平差计算。高程控制测量的平差计算步骤如下。

（1）计算高差闭合差 f_h 和高差闭合差的限差值 $f_{h容}$。

$$f_h=\begin{cases}\sum h_{测} & \text{闭合水准路线}\\ \sum h_{测}-(H_{终}-H_{始}) & \text{附合水准路线}\\ \sum h_{往}+\sum h_{返} & \text{支水准路线}\end{cases} \tag{1.7}$$

$f_{h容}$根据高程控制的等级按照规范要求来计算，例如三等水准测量，平地高差闭合差限差计算公式为$\pm 12\sqrt{L}$（见表1.2）。

当$|f_h|\leqslant|f_{h容}|$，即闭合差小于限差要求，说明观测数据符合规范要求，可以进行后续计算，否则说明外业观测成果不符合要求，必须进行重测。

（2）对高差闭合差进行调整和分配。高差闭合差调整和分配的原则：将高差闭合差按照各测段的测站数或按与距离成正比反符号分配到各测段观测高差中。

设每一测段高差改正数为 v_i

则
$$v_i=-\frac{f_h}{\sum n}n_i \tag{1.8}$$

式（1.8）中，分母为测站总数，n_i 为具体测段的测站数。

或
$$v_i=-\frac{f_h}{\sum s}s_i \tag{1.9}$$

式（1.9）中，分母为水准路线总长，s_i 为具体测段路线长。

检核：
$$\sum v=-f_h$$

（3）计算改正后测段的高差值 h_i'。

$$h_1'=h_1+v_1$$
$$\vdots$$
$$h_i'=h_i+v_i \tag{1.10}$$

（4）计算待定点的高程值 $H_{待i}$。

$$H_{待1}=H_{起}+h_1'$$
$$H_{待2}=H_1+h_2'$$
$$\vdots$$
$$H_{待n}=H_{n-1}+h_n' \tag{1.11}$$

（5）检核 $H_{终}=H_{待n}+h_{n+1}'=H_{终已知}$。即由待定点推算得到的终点高程值与已知的终点高程值应相等。

学习单元4.3　高程控制测量成果实例

【例1.1】 附合水准路线的内业计算。如图1.19所示，以附合水准路线为例，已知水准点 BM_1、BM_2 和待定点1、2、3将整个路线分为四个测段。

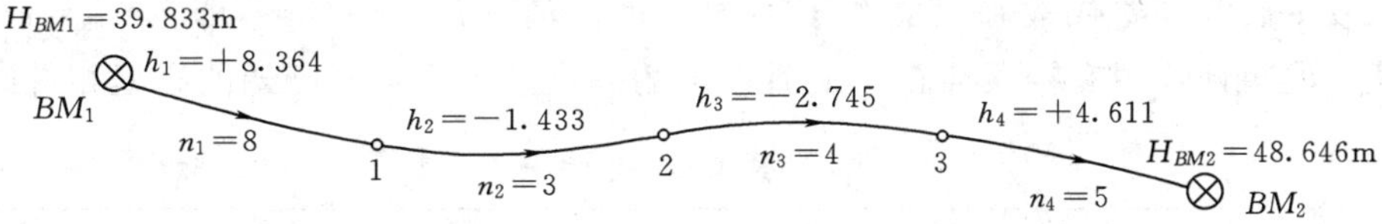

图1.19　附合水准路线测量成果示意图（单位：m）

【解】

（1）将点名、各测段测站数、各测段的观测高差 h_i、已知高程数填入表1.5内相应2、3、4、7列（如系平地测量，则将“测站数”栏改为“公里数”栏，填入各测段公里数；表内加粗字为已知数据）。

（2）进行高差闭合差计算。

$$f_h=\sum h_{测}-(H_{终}-H_{始})=8.827-(48.646-39.833)=+14\ (\text{mm})$$

由于图1.19标注了测段的测站数，说明是山地观测，因此依据总测站数 n 计算高差闭合差的容许值为

$$f_{h容}=\pm 12\sqrt{n}=\pm 12\sqrt{20}=\pm 54\ (\text{mm})$$

计算的高差闭合差及其容许值填于表1.5下方的辅助计算栏。

（3）高差闭合差的调整。

$$f_h\leqslant f_{h容}$$

故其精度符合要求。

将高差闭合差反符号，按式（1.8）依次计算各测段的高差改正数。

第一测段的高差改正数为

$$v_1=-\frac{\Delta h}{\sum n}n_1=-\frac{14}{20}\times 8=-6\ \text{(mm)}$$

同法算得其余各测段的高差改正数分别为−2mm、−3mm、−3mm，依次列入表1.5中第5列。

1）所算得的高差改正数总和应与高差闭合差的数值相等，符号相反，以此对计算进行校核。如因取整误差造成二者出现小的较差可对个别测段高差改正数的尾数适当取舍1mm，以满足改正数总和与闭合差数值相等的要求。

2）若为平地，高差改正数按各测段长度比例分配见式（1.9）。

（4）计算待定点的高程。将高差观测值加上改正数即得各测段改正后高差

$$h_i'=h_i+v_i \quad i=1,\ 2,\ 3,\ \cdots$$

据此，即可依次推算各待定点的高程。(计算结果列入表1.5之第6、7列)。

$$H_1=H_A+h_1'$$

$$H_2=H_1+h_2'$$

$$\vdots$$

$$H_{B(\text{算})}=H_{B(\text{已知})}$$

注 改正后的高差代数和，应等于高差的理论值（H_B-H_A），即$\sum h'=H_B-H_A$。如不相等，说明计算中有错误存在。最后推出的终点高程应与其已知的高程相等。

表1.5 **附合水准路线计算**

测段号	点名	测站数	观测高差（m）	改正数（mm）	改正后高差（m）	高程（m）	备注
	BM_1					**39.833**	
1		8	+8.364	+7	+8.371		
	1					48.204	
2		3	−1.433	+2	−1.431		
	2					46.773	
3		4	−2.745	+3	−2.742		
	3					44.031	
4		5	+4.611	+4	+4.615		
	BM_2					**48.646**	
$\sum$		20	+8.797	+16	+8.813		
辅助计算	$f_h=-16\text{mm}$ $f_{h容}=\pm 6\sqrt{20}=\pm 26\text{mm}$						

练　　习

1. 闭合水准路线与附合水准路线在内业数据处理时有何异同？

2. 计算并调整表1.6闭合水准路线的观测成果，求出各点的高程。

表1.6　　**水准测量计算成果表**

点号	测站数	实测高差（m）	改正数（m）	改正后高差（m）	高程（m）
A					30.666
	2	−2.687			
1					
	1	+0.426			
2					
	3	+3.121			
3					
	1	+0.919			
4					
	2	−1.760			
A					30.666
校核					

学习情景5　水准仪的检验校正和水准测量误差来源

学习单元5.1　水准仪的检验校正

水准仪是水准测量的主要仪器，测量结果的好坏，很大程度上依赖于水准仪是否满足水准测量的要求。在使用之前必须对仪器进行详细的检查，当水准仪的几何条件不满足要求时，必须对仪器进行校正，以保证测量结果的准确。

5.1.1　水准仪应满足的几何条件

水准仪的轴线有视准轴CC、水准管轴LL、圆水准器轴$L'L'$、仪器竖轴VV（图1.20）。各轴线应满足的条件是：

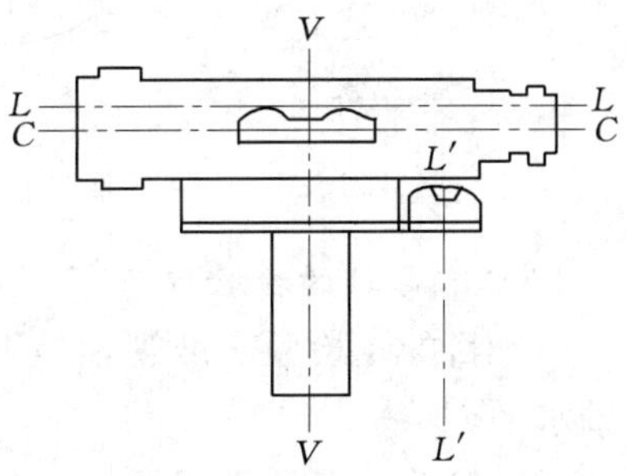

图1.20　水准仪的几何轴线

（1）圆水准器轴$L'L'$应平行仪器竖轴VV。

（2）十字丝横丝应垂直于仪器竖轴。

(3) 水准管轴 LL 应平行于视准轴 CC。

5.1.2 水准仪的检验校正

1. 圆水准器轴平行于仪器竖轴的检验与校正

(1) 目的。检验圆水准轴是否平行于仪器竖轴。若两轴平行，当圆水准气泡居中时，竖轴就处于铅垂位置。

(2) 检验。安置水准仪，转动脚螺旋使圆水准气泡居中，如图 1.21 (a) 所示，然后将仪器绕竖轴转 180°，此时若气泡居中，说明圆水准轴平行竖轴；如果气泡偏离一边，如图 1.21 (b) 所示，则圆水准轴不平行于竖轴，需校正。

(3) 校正。转动脚螺旋，使气泡退回偏离中点的一半，如图 1.21 (c) 所示，然后用校正针旋转圆水准器底部的校正螺丝，使气泡完全居中，如图 1.21 (d) 所示。圆水准器的校正螺丝在水准器的底部，如图 1.22 所示。

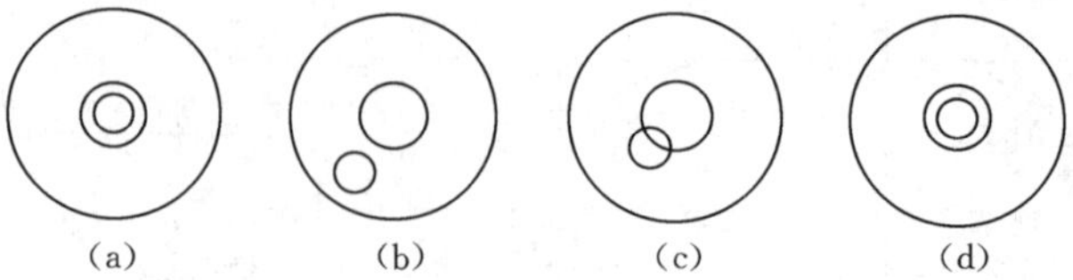

图 1.21 圆水准器的校正

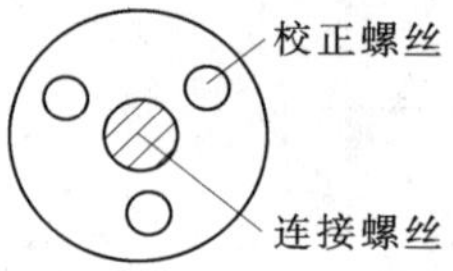

图 1.22 圆水准器的校正螺丝

2. 十字丝横丝的检验校正

(1) 目的。检验横丝是否垂直竖轴。若横丝垂直竖轴，当竖轴处于铅垂位置时，横丝是水平的。

(2) 检验。将横丝一端对准远处一明显标志，旋紧制动螺旋，转动微动螺旋，如果标志始终在横丝上移动，如图 1.23 (a) 所示，则说明横丝水平，否则应进行校正，如图 1.23 (b) 所示。

(3) 校正。卸下目镜十字丝分划板间的外罩，松开压环固定螺丝 (图 1.24)，转动十字丝环至正确位置，最后旋紧压环固定螺丝，并旋上外罩。

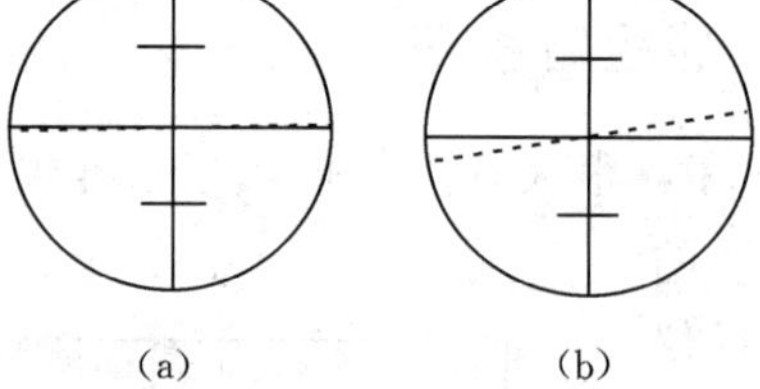

图 1.23 十字丝横丝检验

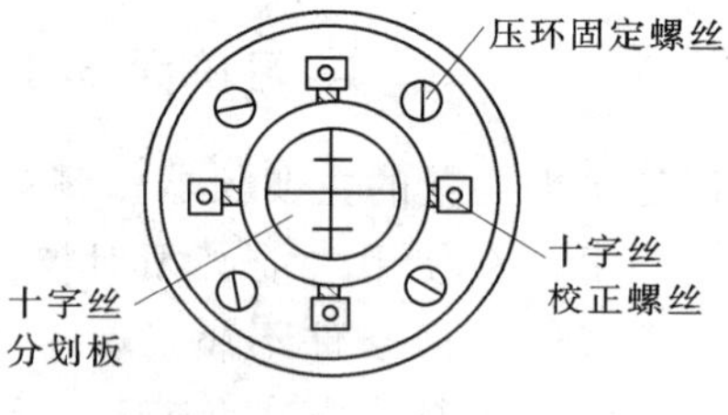

图 1.24 十字丝横丝校正

3. 水准管轴的检验校正

(1) 目的。检验水准管轴是否与视准轴平行。若条件满足，当水准管气泡居中时，视准轴水平。

(2) 检验。在较平坦地面上相距 60～80m 的 A，B 两点，打下木桩，在桩上立水准尺。将水准仪安置在 AB 之中点，如图 1.25 (a) 所示，水准管气泡居中时读数为 a_1 和

b_1。若水准管轴不平行于视准轴，则读数 a_1 和 b_1 都包含同样的误差 x。A，B 两点间的正确高差为

$$h_1=(a_1-x)-(b_1-x)=a_1-b_1$$

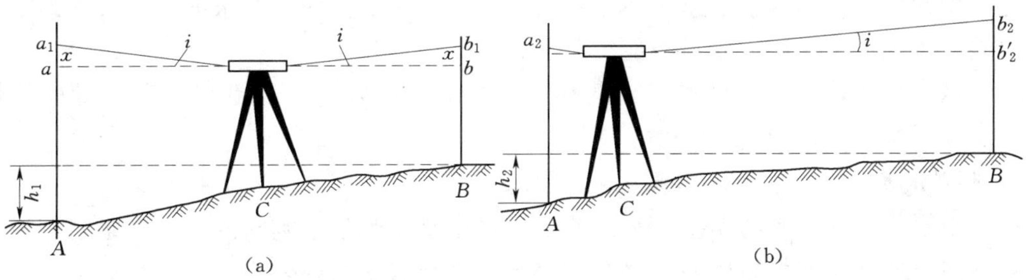

图 1.25　水准管轴的检验

然后在离 A 点约 3m 的地方安置仪器，如图 1.25（b）所示，读数为 a_2 和 b_2，两点间的高差为 $h_2=(a_2-b_2)$。若 $h_1=h_2$，则水准管轴与视准轴平行，否则需要校正（若 h_1 与 h_2 之差小于或等于 5mm 时，一般不校正）。

（3）校正。先计算出水平视线在如图 1.25 所示的 C 点尺上的正确读数 $b_2'=a_2-h_1$。校正方法有两种：一种是校正水准管；另一种是校正十字丝横丝。如图 1.26 所示为十字丝校正。

1）校正水准管。转动微倾螺旋，使横丝对准 B 点尺上正确读数 b_2'，此时视准轴水平，但水准管气泡不居中。用校正针先拨松水准管左（或右）边的校正螺丝，使水准管能够活动，再一松一紧拨动上、下两个校正螺丝（图 1.26），使气泡重新居中，最后再旋紧左（或右）边的校正螺丝。

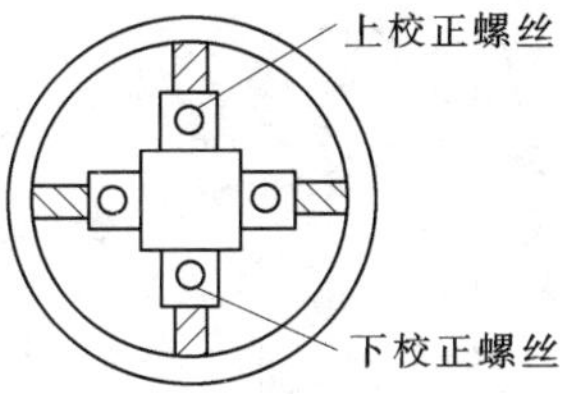

图 1.26　十字丝校正

2）校正十字丝。卸下十字丝分划板的外罩，用校正针拨动上、下两个校正螺丝（图 1.26），移动横丝，使其对准 B 点尺上正确读数 b_2'，校正时要保持水准管气泡居中，最后旋上十字丝分划板的外罩。对于自动安平水准仪，因其无水准管，做此项检校时，只能采用校正十字丝的方法。

4. 注意事项

（1）三个检验项目应按规定的顺序进行检验校正，不得颠倒顺序。

（2）拨动校正螺丝时，不能用力过猛，应先松后紧，校正完后，校正螺丝应处于稍紧状态。

（3）每项检验与校正应反复进行，直至符合要求为止。

学习单元 5.2　水准测量误差来源

在进行水准测量工作中，由于人的感觉器官反映的差异，仪器和自然条件等的影响，使测量成果不可避免的产生误差，因此应对产生的误差进行分析，并采用适当的措施和方法，尽可能消除或减少误差，使测量的精度符合要求。水准测量误差有下列几个方面：

1. 仪器误差

(1) 仪器误差。测量时，即使已经进行了仪器的检验和校正，但是仍然会存在误差，一方面是因为仪器在制造过程中就存在制造缺陷误差，这项误差是无法进行消除的；另一方面是检验和校正后的残余误差。在这些误差中，影响最大的就是水准管轴与视准轴不平行的误差，这项误差可通过后视与前视距离相等予以消除。

(2) 水准尺误差。水准尺的尺长变化、尺刻划不准确，都会给在水准测量读数带来误差。

2. 观测误差

(1) 水准管气泡居中的误差。水准管气泡居中是用眼睛来判断的。由于眼睛分辨力的限制，气泡可能并没有严格居中，存在着水准管气泡居中的误差。

(2) 读数误差。产生读数误差的原因有：视差的存在和估读毫米产生的误差。存在视差应重新进行目镜和物镜对光，消除视差。水准尺一般为厘米分划，估读毫米产生的误差与望远镜的放大倍数和尺子到仪器的距离有关。望远镜放大倍数大，距离近，尺像就大，估读就准确；反之，估读误差就大。所以，放大率为 20 倍的望远镜，视线距离以不超过 75m 为宜。

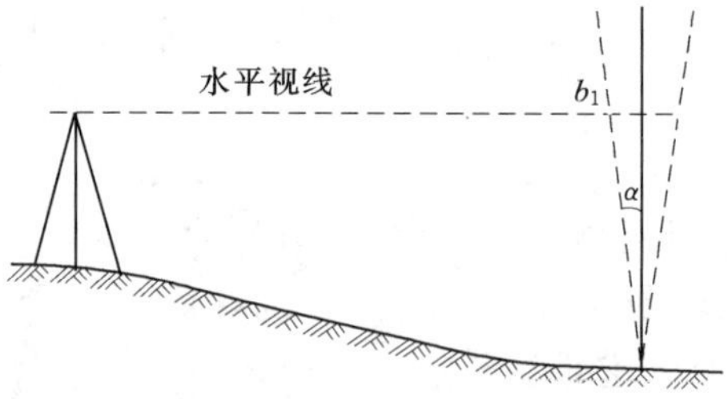

图 1.27 水准尺倾斜误差

(3) 水准尺倾斜误差。水准尺是否竖直，影响到水准测量读数的精度。尺子倾斜，将使读数值增大，其误差值为 $b_1(1-\cos\alpha)$，如图 1.27 所示，b_1 为尺倾斜 α 角度的读数值。若尺子倾斜 3°，在水准尺 1m 处读数时将产生 1.4mm 的误差；在 2.5m 处将产生 3.4mm 的误差。尺子倾斜而引起的误差与尺子倾斜的大小及视线截尺的高度有关。为了减小扶尺不竖直而产生的读数误差，可在水准尺上安置圆水准器，使尺子竖直与否得以更好地判断。

3. 外界因素的影响

(1) 仪器下沉和尺垫下沉的误差。土质疏松，仪器、尺子的重量，可能会使仪器、尺垫下沉；土壤的弹性，也会使仪器、尺垫上升。要消除或减少仪器下沉误差的影响，应选择稳固的地方安置仪器，脚架尖入土稳定，在观测过程中不要用手扶脚架，缩短观测时间也可以减少仪器下沉误差的影响。在精度要求高的测量中，也可以应用双面尺法进行观测，观测的顺序是黑面后视、黑面前视，然后是红面前视、红面后视。计算黑面尺与红面尺的高差，取其平均值，可减少或消除此项误差影响。

转点的位置应放尺垫。当观测转点的前视读数后，仪器搬至下一站时，若尺垫下沉（或上升），对该点的后视读数增大，使测量的高差增加。为了减少尺垫下沉误差的影响，应选择坚固稳定的地方作转点，使用尺垫时要用力踏实，在观测过程中保护好转点位置，精度要求高时也可通过往返观测取平均值来减少其误差的影响。

(2) 地球曲率和大气折光的影响。对于地球曲率和大气折光的影响，可采用使后视与前视距离相等的方法，减小误差；若视线离地面过低，受折光的影响有所增加，故一般应使视线离地面的高度不少于 0.2m。

练　　习

1. 水准仪有哪些轴线？它们之间应满足哪些条件？

2. 水准仪的检验校正主要有哪几项？检验时有无顺序要求？

3. 水准测量误差主要来源于哪些方面？在测量工作中应如何操作才能消除或减少其误差的影响？

工作任务2　平面控制测量

学习情景1　平面控制测量基本知识

学习单元1.1　平面控制测量概述

1.1.1　测量学中确定地面点位置的方法

为研究地球表面各种形态及服务于工程建设，需要测定地球表面的点位。因此首先要概略了解地球的形状和大小，并建立适当的确定地面点位的参照标准——坐标系。

1. 地球椭球

（1）参考椭球。地球表面是极其不规则的，为了测量计算的方便，人们选择了一个与大地体形状和大小较为接近表面规则的形体——旋转椭球来代替大地体，通过定位使旋转椭球与大地体的相对位置固定下来。这样，借助有规则形状的旋转椭球来确定地球表面的点位。我们把选定了形状和大小并在地球上定位的旋转椭球称为参考椭球。参考椭球的表面是一个规则的数学曲面，它是测量计算和投影制图所依据的面，如图2.1所示。

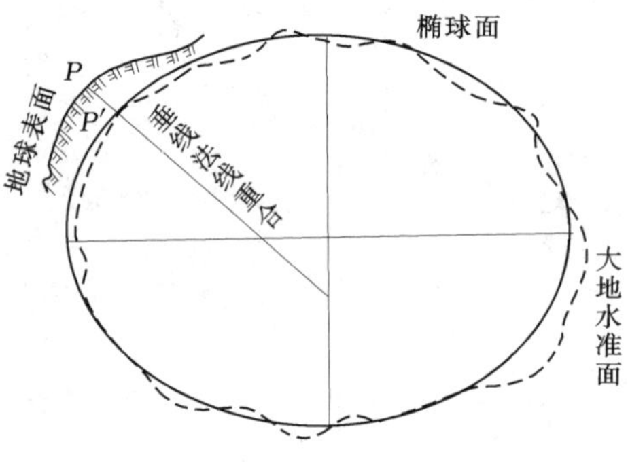

图2.1　参考椭球面

（2）我国的大地坐标系所使用的椭球。参考椭球是为确定地面点位而建立坐标系时所用的代表地球形状和大小的一个规则数学曲面，我国建立坐标系同样需要选定和我国范围内地表形态相适应的参考椭球。

新中国成立初期，我国以苏联选定的克拉索夫斯基椭球和普尔科沃天文台为大地原点的椭球定位为依据，建立了我国的大地坐标系，称为“1954年北京坐标系”。后来根据新的测量数据，于1980采用IUGG（国际大地测量和地球物理联合会）十六届大会推荐的椭球，建立了我国自己的大地坐标系，称为“1980年国家大地坐标系”。

确定参考椭球的元素主要有长半径a，短半径b和扁率α $\left(\alpha=\frac{a-b}{a}\right)$，只要知道其中两个元素，即可确定参考椭球的形状和大小。我国过去采用的是克拉索夫斯基椭球（$a=6378245$m，$\alpha=1:298.3$）。自1980年以后，采用国际大地测量与地球物理协会（IUGG）1975年十六届大会推荐的椭球（$a=6378140$m，$\alpha=1:298.257$）。

由于参考椭球的扁率很小，在普通测量中又近似地把大地视作圆球体，其半径采用与参考椭球同体积的圆球半径，其值$R=6371$km。当测区范围较小时，又可以将该部分球面当成平面看待，亦即将水准面当成平面看待，称之为水平面。

2. 地面点位置的表示方法

地面点是空间点位，需要用三维坐标系来表示，下面就分别介绍测量中常用的表示地面点位置的方法。

(1) 地心空间直角坐标系。地心空间直角坐标系的原点设在地球椭球的中心 O，用相互垂直的 X、Y、Z 三个轴表示，X 轴通过起始子午面与赤道的交点，Z 轴与地球旋转轴重合，形成右手坐标系，如图 2.2 所示。

(2) 地面点的大地坐标系。用地面点的大地坐标系表示地面点的位置需要三个参数：大地经度，大地纬度，大地高。大地经度 L 和大地纬度 B 表示地面点在参考椭球面上的二维投影位置，用大地高 H 表示地面点到参考椭球面的垂直距离，如图 2.3 所示。O 为参考椭球的球心，NS 为椭球的旋转轴，通过该轴的平面称为子午面（如图中的 $NPMS$ 面）。子午面与椭球面的交线称为子午线，又称为经线，其中通过英国伦敦格林尼治天文台的子午面和子午线分别称为起始子午面和起始子午线。通过球心 O 且垂直于 NS 轴的平面称为赤道面（如图 2.3 中的 WM_0ME），赤道面与参考椭球面的交线称为赤道。通过椭球面上任一点 P 且与过 P 点切平面垂直的直线 PK，称为 P 点的法线。地面点 Q 在参考椭球面上的投影 P，即为通过该点的法线与参考椭球面的交点。

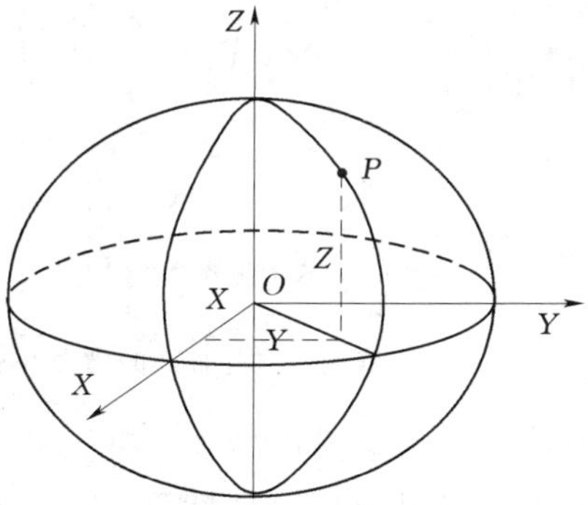

图 2.2 地心空间直角坐标系

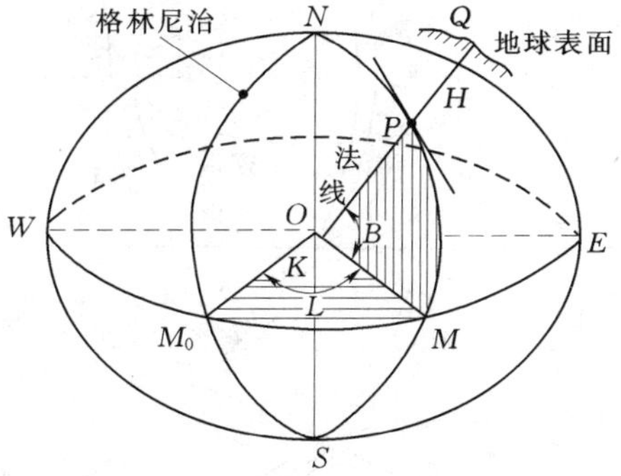

图 2.3 大地坐标系

大地经度 L，即通过参考椭球面上某点的子午面与起始子午面的夹角。由起始子午面起，向东 0～180°称为东经；向西 0～180°称为西经。同一子午线上各点的大地经度相同。

大地纬度 B，即参考椭球面上某点的法线与赤道面的夹角。从赤道面起，向北 0～90°称为北纬；向南 0～90°称为南纬。纬度相同的点的连线称为纬线，它平行于赤道。

(3) 二维坐标系。

1) 平面直角坐标。在小范围进行测量工作时，可用水平面作为基准面，平面直角坐标系的原点以 o 表示（图 2.4）。通过 o 点的南北方向线为 x 轴（纵轴），向北为正，向南为负；通过 o 点而垂直于 x 轴的东西方向线为 y 轴（横轴），向东为正，向西

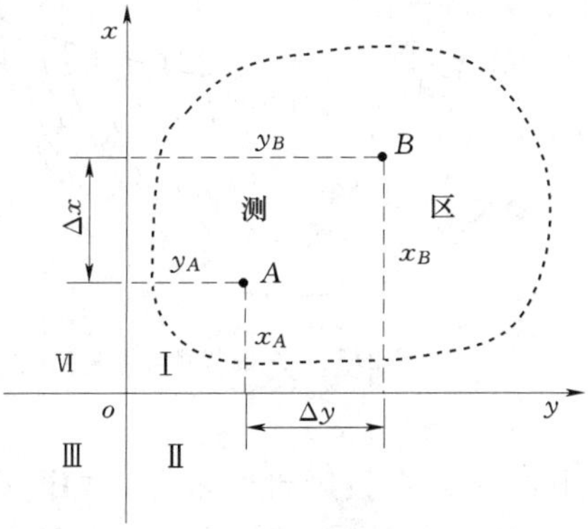

图 2.4 平面直角坐标

为负。象限次序按顺时针方向排列。为了避免测区内各点的坐标出现负值，通常将原点 o 选在测区西南角上，使地面各点都投影于第Ⅰ象限内。如图 2.4 中，地面点 A、B 的位置分别用平面直角坐标（x_A、y_A）、（x_B、y_B）表示；该两点的坐标之差称为坐标增量，以 Δx、Δy 表示。坐标增量可以通过测量有关距离和角度进行计算求得。

2）高斯平面直角坐标。在大范围进行测量工作时，由于水平面和水准面存在较大的差异，所以不能用水平面代水准面。应将地面点投影到椭球面上，再按一定的条件投影到平面上，形成统一的平面直角坐标系。我国现采用的是高斯—克吕格投影方法，该方法是按一定经差将地球椭球面划分成若干投影带，如图 2.5 所示。再将每一带投影到平面上，以中央子午线的投影为纵轴，赤道线的投影为横轴，建立统一的平面直角坐标系统，如图 2.6 所示。

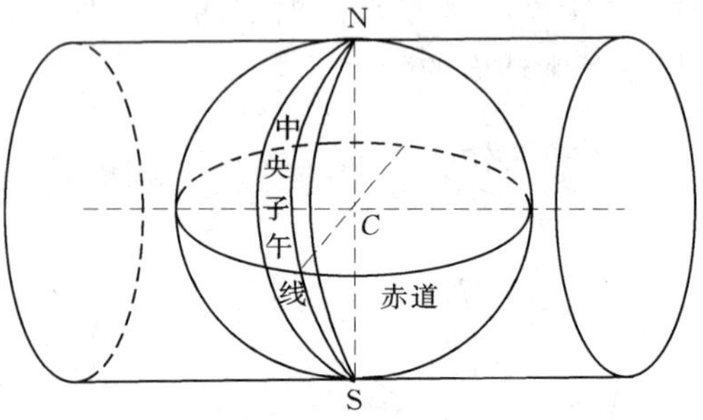

图 2.5　高斯投影

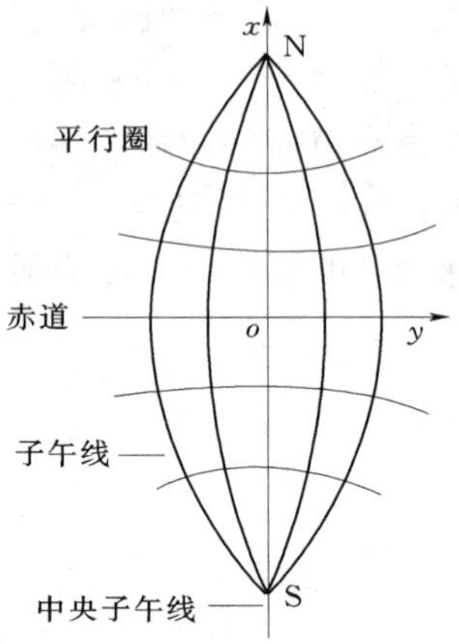

图 2.6　高斯平面直角坐标系

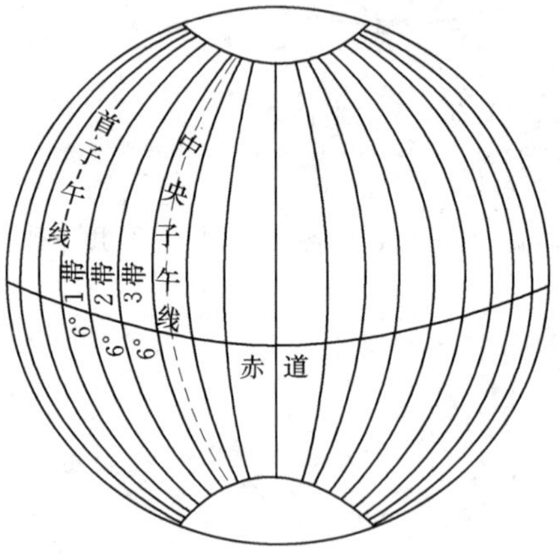

图 2.7　分带投影

分带时，既要考虑投影后长度变形不大，又要使带数不至于过多以减小换带计算工作，通常按经差 6°或 3°分为六度带或三度带。六度带自 0°子午线起每隔经差 6°自西向东分带，将整个地球分成 60 个投影带。用第 1、第 2、第 3、…、第 60 表示投影带的带号，如图 2.7 所示。三度带是在六度带的基础上分成的，它的中央子午线与六度带的中央子午线和分带子午线重合，即自东经 1.5°子午线起每隔经差 3°自西向东分带，将整个地球分成 120 个投影带。用第 1、第 2、第 3、…、第 120 表示投影带的带号。

六度带中任意带的中央子午线经度 L_0 为：

$$L_0=6N-3$$

式中，N 为 6°投影带的带号，如图 2.8 所示。

三度带中任意带的中央子午线经度 L_0 为：

$$L_0 = 3n$$

式中，n 为 3°投影带的带号，如图 2.8 所示。

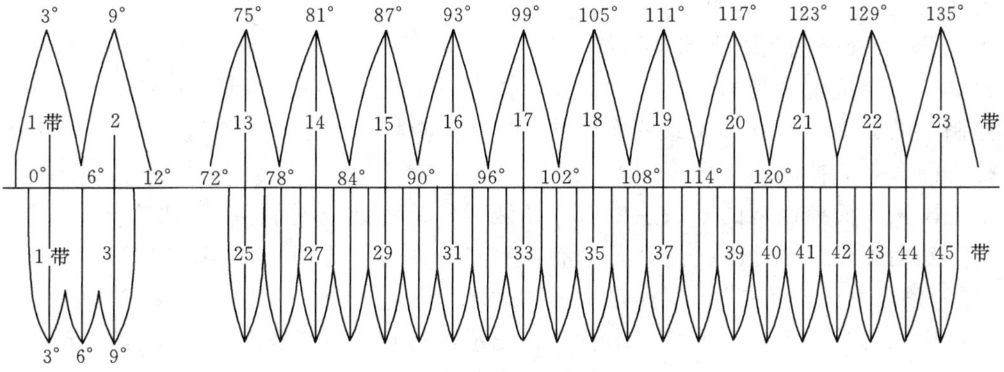

图 2.8　6 度带 3 度带分带情况

高斯平面直角坐标以赤道为零起算，赤道以北为正，以南为负。我国位于北半球，纵坐标均为正，横坐标有正有负。为了使用方便，避免横坐标出现负值，规定将坐标纵轴西移 500km 当做起始轴。这样带内的横坐标值均加 500km。设 A 点 $x_A = 3281547.56$(m)，$y_A = -298541.12$m，则横坐标为 $y_A = (-298\ 541.12) + 500000 = 201458.88$(m)。前者称为自然值，后者称为统一值。因为不同投影带内的点可能会有相同坐标值，也为了标明其所在投影带，规定在横坐标前冠以带号。例如 A 点位于第 15 带，则横坐标为 $y_A = 15201458.88$m。

3）我国大地测量坐标系。我国目前常采用的三个国家大地坐标系分别是 1954 北京坐标系、1980 西安坐标系和 2000 国家大地坐标系。

a. 1954 北京坐标系。新中国成立以后，国家百废待兴。为满足国家建设的需要，从苏联引进大地坐标，这些大地坐标经平差后，其坐标系统定名为“1954 北京坐标系”。实际上，这个坐标系是苏联 1942 年普尔科沃大地坐标系的延伸，它采用的是克拉索夫斯基椭球元素值，大地原点位于苏联普尔科沃天文台。由于大地原点距我国甚远，在我国范围内该参考椭球面与大地水准面存在着明显的差距，在东部地区，两面的差距最大达 69m 之多，因此，1978 年全国天文大地网平差会议决定建立我国独立的大地坐标系。

b. 1980 西安坐标系。这个坐标系统的原点在西安附近（陕西省泾阳县永乐镇），采用的地球椭球元素。该坐标系统定义为“1980 西安坐标系”。原来的 1954 北京坐标系的成果都将改算到 1980 年国家大地坐标系统的成果。但考虑到改算的艰巨性，1954 年北京坐标通讯员的成果在短时期内还将继续使用。

c. 2000 国家坐标系。2008 年 3 月，由国土资源部正式上报国务院《关于中国采用 2000 国家大地坐标系的请示》，并于 2008 年 4 月获得国务院批准。自 2008 年 7 月 1 日起，中国全面启用 2000 国家大地坐标系，这是我国当前最新的国家大地坐标系。2000 国家大地坐标系是全球地心坐标系在我国的具体体现，其原点为包括海洋和大气的整个地球的质量中心。2000 国家大地坐标系采用的地球椭球参数如下：

长半轴　$a = 6378137$m

扁率　$\alpha=1/298.257222101$

地心引力常数　$GM=3.986004418\times10^{14}\,m^3/s^2$

自转角速度　$\omega=7.292115\times10^{-5}\,rad/s$

1.1.2　国家平面控制网的概念及等级

根据国家经济建设和国防建设的需要，国家测绘部门在全国范围内采用“分级布网、逐级控制”的原则，建立国家级平面控制网，作为科学研究、地形测量和施工测量的依据，称为国家平面控制网。

建立国家平面控制网的方法主要有三角测量、精密导线测量和“GPS”测量。

(1) 三角测量是在地面上选择若干有控制意义的点（称为控制点）组成一系列三角形（三角形的顶点称为三角点），观测三角形的内角，并精密测定起始边（基线）的边长和方位角，应用三角学中正弦定理解算出各个三角形的边长，再根据起始点坐标、起始方位角和各边边长，采用一定的方法推算出各三角点的平面坐标。

国家平面控制网按其精度分为一等、二等、三等、四等四个等级，一等精度最高，是国家控制网骨干，二等控制网是在一等控制网上加密的，是国家控制网的全面基础。如图2.9所示为国家平面控制网的一部分。三等、四等控制网是在二等控制网的基础上进一步加密建立的，一般作为地形图的测绘和施工控制测量依据，如图2.10所示。

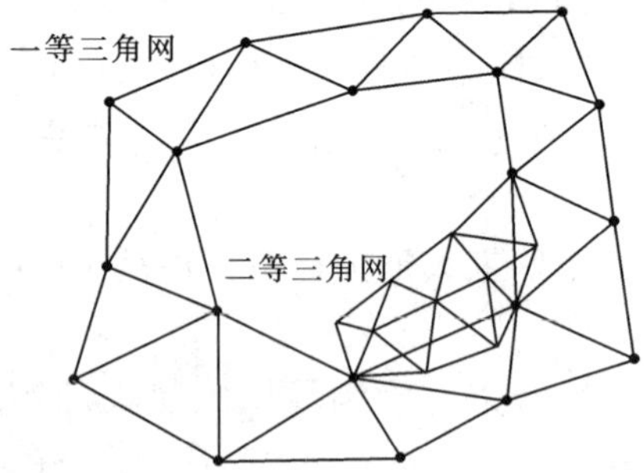

图2.9　国家平面控制网

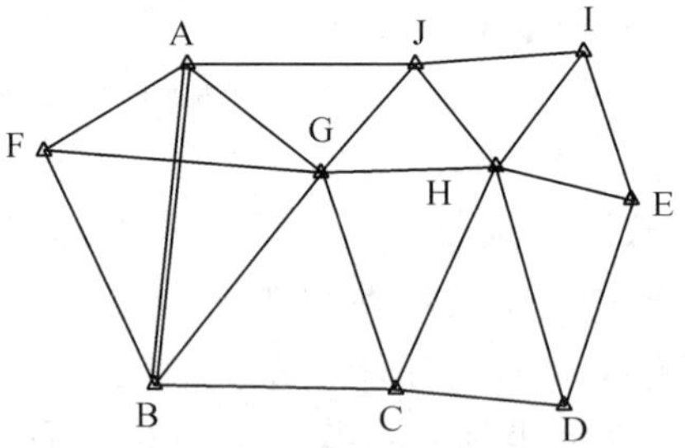

图2.10　三角锁和三角网

(2) 在通视条件困难地区，常采用精密导线测量来代替相应等级的三角测量是非常方便的。特别是近代电磁波测距仪和全站仪的出现，为精密导线测量创造了便利条件。

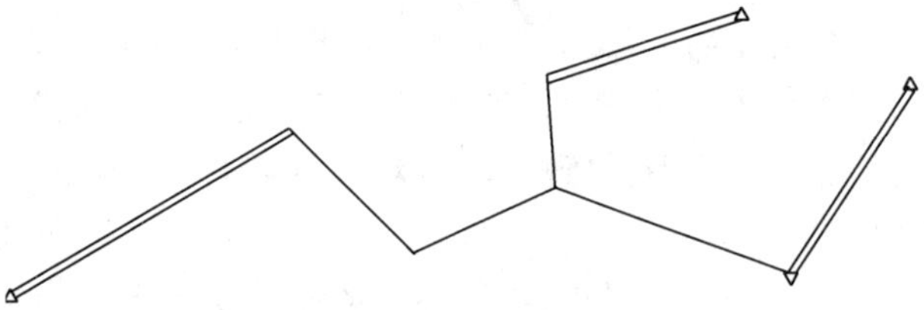

图2.11　导线网

导线测量是将地面点组成一系列折线形状，如图2.11所示，在外业上观测各转折角，测定各导线边长后，在内业根据起始坐标和起始方位角来推算各导线点的平面坐标。精密导线测量也分为四个等级，即一等、二等、三等、四等。

(3) GPS测量是利用GPS接收仪，接收GPS全球定位系统卫星信号来确定接收仪位置平面坐标和高程的一种方法。GPS测量不受天气、时间和地域的限制，目前已广泛用于各等级的控制测量。但GPS测量不能在隐蔽地区和室内测量。

国家各等级平面控制测量主要技术指标见表2.1。

表2.1　　国家平面控制测量主要技术指标

等级	平均边长	起始边中误差	测角中误差	三角形最大闭合差
一	20～25	1/350000	±0.7	±2.5
二	13	1/250000	±1.0	±3.5
三	8	1/150000	±1.8	±7.0
四	2～6	1/100000	±2.5	±9.0

1.1.3　地形控制测量的方法

在进行测图之前，通常要在国家控制的基础上进行地形控制测量。地形控制测量包括首级控制测量和图根控制测量。在整个测区内建立的控制网称为首级控制网；直接用于测图的控制网称为图根控制网。当测图面积小于1km^{2}时，可直接用图根作为控制网。如果测区内的三、四等三角点太少或没有国家等级点时，则需要布设独立网，精度不低于一、二级小三角测量或一、二级导线测量精度。

直接用于测图的控制点称为图根点，在大比例尺地形测图中，为了满足测绘地物、地貌的设站需要，图根点必须具有一定的密度。图根点的密度主要取决于测图比例尺和地形的复杂程度，并以能保证测站之间的衔接为原则，通常用每平方公里控制点的个数（点/km^2）来表示。

在地形复杂、隐蔽地区，图根点密度应视情况适当加大密度。

由于图根控制测量的特点是范围小，边长较短，精度要求相对较低，因而图根点标志一般采用木桩或埋设简易混凝土标石（图2.12），即可满足要求。

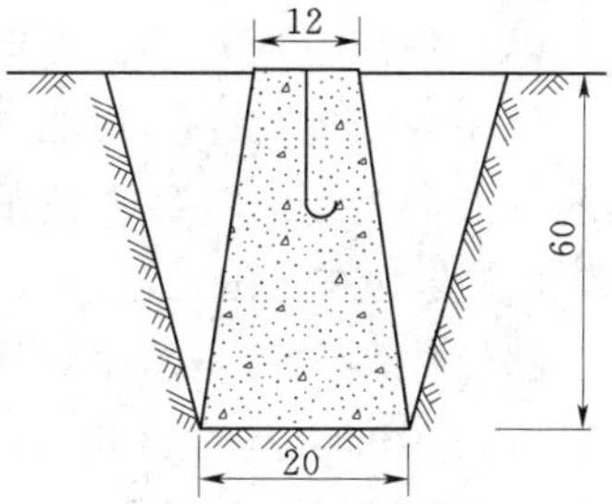

图2.12　简易混凝土标石
（单位：cm）

1.1.4　平面控制测量的外业工作

控制测量工作有外业和内业之分，凡是在室外进行的工作称为外业，主要有踏勘、选点、埋设标志、角度测量、边长测量等工作；凡是在室内进行的作业称为内业，主要有检查观测数据、计算、资料整理汇编等工作。

1. 踏勘设计、选点和设置标志

当任务下达以后，首要工作就是收集有关资料，并分析资料的可靠性。然后要到实地察看已有的控制点的保存情况、地形情况、交通及物资供应，即为踏勘。根据测图要求、踏勘要求和踏勘结果，应拟订出图根加密方案和工作计划，并在中小比例尺图上设计出大致的网形方案。如测区较小，则可边踏勘边布网，不需图上设计，但需画控制网略图。

在测区现场依据室内设计和地形条件，经过比较与选择确定图根点的具体位置，这一工作称为选点。点位选择应满足以下条件：

（1）土质坚实，利于保存地面点位。不宜将点位选在土质松软或易受损坏的地方，并尽量避开不便作业的地方。

（2）必须能架设仪器。

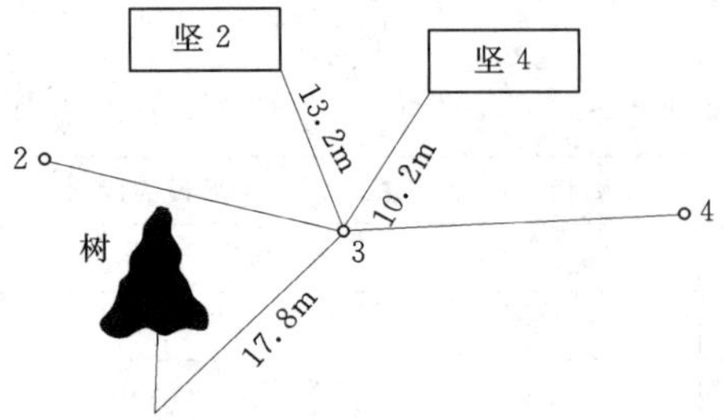

图 2.13 点之记图

(3) 需要观测的方向必须通视。量距导线还应考虑便于量距。

(4) 必须满足对图形的要求。例如：导线的总长、边长应合乎规定；线形锁的三角形个数不大于12个，求距角不小于30°，且不大于150°；交会点的交会边长一般应控制在相应测图比例尺图根点平均点距的2倍以内等。

(5) 尽量选在视野开阔之处，使其对测图能有最大效用。遵循上述要求选好图根点位置后，再设置点位标志，并绘制点之记，如图2.13所示。

2. 角度测量

图根控制的角度测量通常采用经纬仪或全站仪进行。水平角一般用测回法观测两个测回；垂直角一般用中丝法观测一个测回。角度观测的手簿记录及各项限差见表2.2。

表 2.2　角度测量技术要求

等级	仪器型号	测回数	测角中误	半测回归零差	方位角闭合差	三角形闭合差
图根	5秒仪器	2	±20″	24″	±40″	±20″

在角度观测中，如果几种图形一起观测而使观测方向数较多时，最好事先绘制观测略图，标明各点上应观测的方向，用以防止重复观测或漏测方向。

单一导线的水平角观测，除起、终点外，都只观测一个导线折角（两个方向）。以导线前进方向为准，导线左侧的折角叫左角，右侧的折角叫右角。导线测量常采用左角居多(闭合导线观测内角)。

图根控制尤其是图根导线的水平角观测作业，由于边长一般较短，所以要特别注意对中误差与照准误差的影响。观测时一定要精确对中，照准点上应采用细而直的觇标（如测钎)。对于太短的边可悬垂球线作为照准目标，测钎尖端或垂球尖端要精确对准点位。如用全站仪观测，棱镜须精确对中。

3. 边长测量

图根控制网的边长测量主要用于测定导线边长和在小区域需布设独立网时测定起始边长。边长测量方法可用钢尺直接丈量或电磁波测距。

学习单元1.2 普 通 导 线 测 量

1.2.1 导线测量概述

导线测量是平面控制测量的一种常用的方法，主要用于带状地区、隐蔽地区、城建区、地下工程、线路工程等控制测量。

所谓导线就是将测区内的相邻控制点连成一系列的折线。构成导线的控制点称为导线点，折线称为导线边。导线测量就是用测量仪器测定各转折角和各导线边长及起始边的方位角，根据已知数据和观测数据计算导线点（即控制点）坐标。

1. 主要技术指标

图根导线转折角观测技术的主要技术指标，见表2.3。

表2.3　　图根导线转折角观测技术要求

测图比例尺	仪器类型	转折角测回数	测角中误差	半测回差	测回差	导线角度闭合差
1∶500～1∶2000	2秒仪器	2个“半测回”	30″	18″		$\pm 60''\sqrt{n}$
	5秒仪器	2个测回			24″	
1∶5000～1∶10000	2秒仪器	2个“半测回”	20″	18″		$\pm 40''\sqrt{n}$
	5秒仪器	2个测回			24″	

2. 导线的布设形式

根据测区的具体情况和要求，导线可布设成下列形式。

(1) 闭合导线。起止于同一个已知控制点的导线称为闭合导线。如图2.14所示，从一已知点A出发，经过一系列的导线点，如B、C、D点，最后又回到原出发点A，构成一闭合多边形。闭合导线本身具有严密 的几何条件，具有检核的作用。图2.15是与高级点相连的闭合导线。

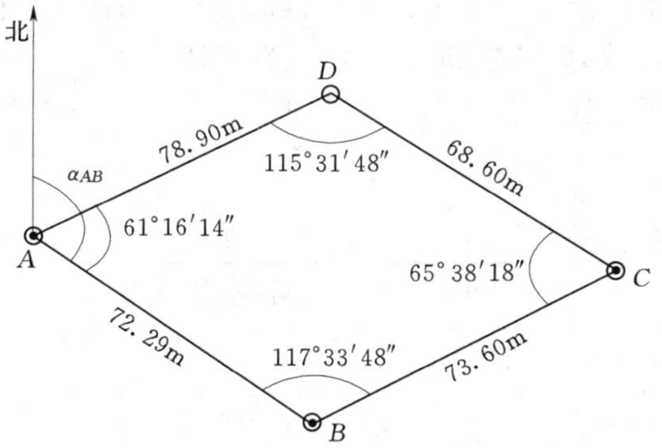

图2.14　独立闭合导线

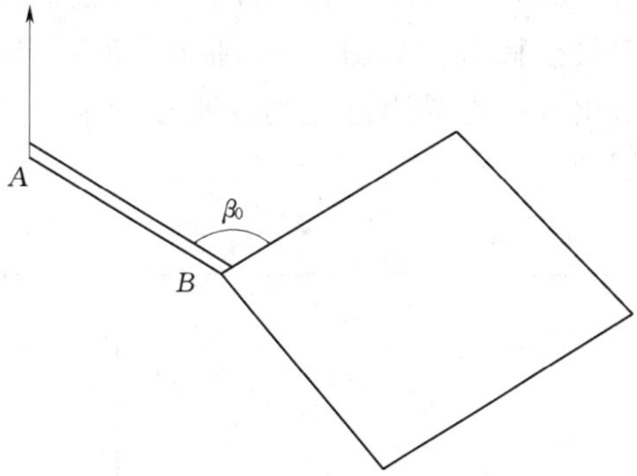

图2.15　与高级点相连的闭合导线

(2) 附合导线。布设在两个已知控制点之间的导线称为附合导线。如图2.16所示，从一已知控制点A开始，经过若干点如1、2、3，最后附合到另一个已知点D，形成附合导线。

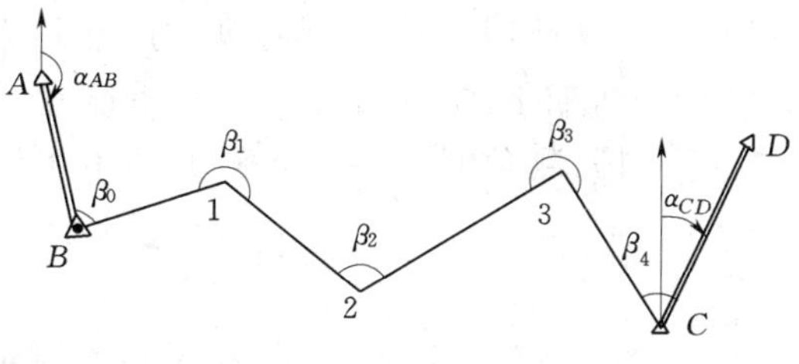

图2.16　附合导线

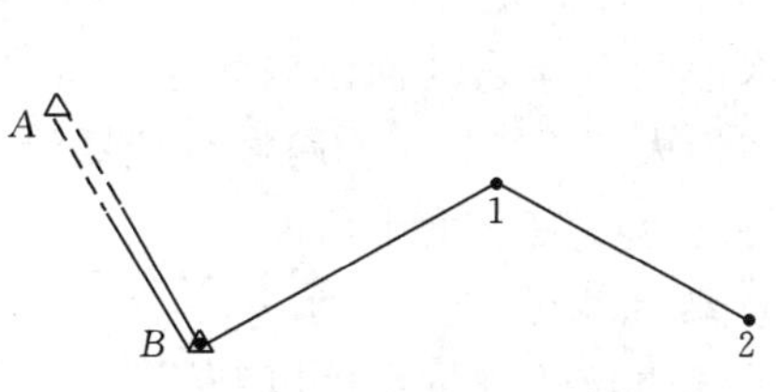

图2.17　支导线

(3) 支导线。从一已知控制点出发，形成自由向前伸展，既不回到原出发点，也不附合到另一已知控制点上的导线称为支导线。如图2.17所示，B点为一已知控制点，1、2

为支导线点。由于支导线没有校核条件，在测量中若发生错误，无法检核，所以规范规定支导线中的未知点数不得超过两个点。

1.2.2　导线测量的外业工作

在野外进行选定导线点的位置、测量导线各转折角和边长及布设独立导线时测定起始方位角的工作，称为导线测量的外业工作。导线测量的外业工作包括：踏勘选点及埋设标志、角度观测、边长测量和导线定向。

1. 踏勘选点及埋设点的标志

导线踏勘之前，应了解测区的范围及地形起伏和已有控制点等情况，收集有关比例尺的地形图资料。根据已知点的分布和测区具体情况及工程要求，在已有的地形图上拟定导线的布设方案。然后到实地上进行踏勘选定导线点。选点时，应注意下列几点：

（1）导线点应选在土质坚实、便于安置仪器和保存标志的地方。

（2）相邻导线点间应互相通视良好，地势平坦，便于观测水平角和测量边长。

（3）视野开阔，便于碎部测量。

（4）导线点应均匀分布在测区内，导线边长应大致相等，避免前后、边长相差太大。一般情况下，边长应不大于350m，也不宜小于50m，平均边长见表2.4。

导线点选定后，应在地面上埋设导线点位置。临时性的导线点，一般在地面上打入木桩，并在桩顶中心钉一小铁钉，铁钉头表示导线点标志。对于长期保存的导线点则应埋设混凝土标石，如图2.12所示。所有导线点的标志都要依次进行编号。为了便于寻找，应绘出导线点与附近地物或明显固定点之间的关系草图，注明尺寸，如图2.13所示的点之记图。

表2.4　　图根导线边长

测图比例尺	边长（m）	平均边长（m）
1∶500	40～150	75
1∶1000	80～200	110
1∶2000	100～300	180

2. 水平角观测

附合导线一般测量左角，闭合导线测量内角，支导线观测左、右角。水平角观测限差见表2.3，表中n为转折角个数。用5秒仪器测2个观测时，第一测回盘左照准左方目标时，水平度盘读数设置在稍大于0°上，第二测回盘左照准左方目标时，水平度盘的读数设置在稍大于90°上。若用2秒仪器测2个“半测回”测角时，在上半测回与下半测回之间，将度盘改变一个小角度。

3. 边长测量

导线边长的测量也可以利用全站仪的电磁波测距测定，其测量方法参考距离测量的有关内容。

4. 导线定向

当在测区建立的导线是独立导线时，如图2.14所示，要用罗盘仪测定第一条边的磁

方位角 α_{AB}，并假定出第一个点 A 的坐标作为起算数据。当导线与高级控制点相连接时，如图 2.15 所示的闭合导线，要测定连接角 β_0 进行定向。附合导线是两端与高级控制点相连接，如图 2.17 所示，要测连接角 β_B 和 β_C 进行导线定向与校核。

练　　习

1. 我国建立大地坐标系时运用了什么样的参考椭球？
2. 高斯平面坐标系是怎么建立的？
3. 表示地面点位的坐标系有哪些？
4. 何谓平面控制测量？建立平面控制测量的方法有哪几种？
5. 何谓图根控制网？什么叫图根控制测量？
6. 导线布设的形式有哪几种？各在什么情况下采用？
7. 导线测量外业工作有哪几项？选择导线点要注意哪些问题？

学习情景2　水 平 角 观 测

学习单元 2.1　角度测量的基本概念

所谓的水平角，就是空间两条直线在水平面上投影的夹角。一般用β表示。如图 2.18 所示，$\angle BAC$ 为直线 AB 与 AC 之间的夹角，测量中所要观测的水平角是$\angle BAC$ 在水平面上的投影，即$\angle bac$。

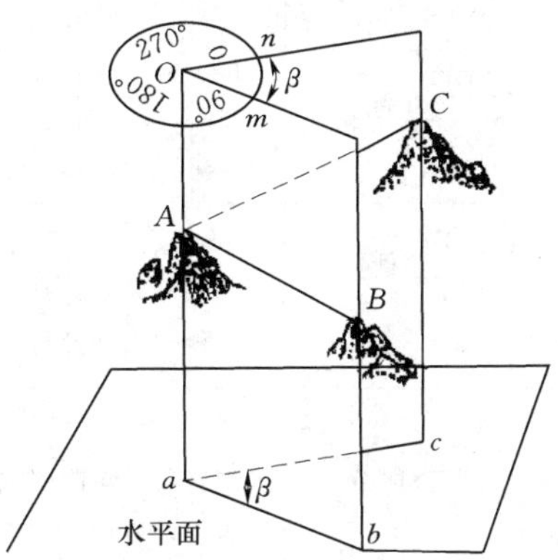

图 2.18　水平角测角原理

由图 2.18 可以看出，地面上 A、B、C 三点在水平面上的投影 a、b、c 是通过做他们的铅垂线得到的。因此，设想在竖线 Oa 上的 O 点放置一个按顺时针注记的全圆量角器（称为度盘），并使其水平。通过 AC 的竖面与度盘的交线读数 n，通过 AB 竖面与度盘的交线得另一读数 m，则 m 减 n 就是圆心角 β，也即水平角

$$\beta = m - n \tag{2.1}$$

学习单元 2.2　角 度 测 量 仪 器 介 绍

2.2.1　电子经纬仪简介

1. 电子经纬仪的结构

图 2.19 是南方 ET－02/05/05B 系列电子经纬仪的结构。本仪器键盘具有一键双用功能，一般情况下仪器执行键上方所标的第一（测角）功能，当按下 MODE 键后再按其余各键则执行按键下方所标示的第二（测距）功能。电子经纬仪的操作键功能见表 2.5。

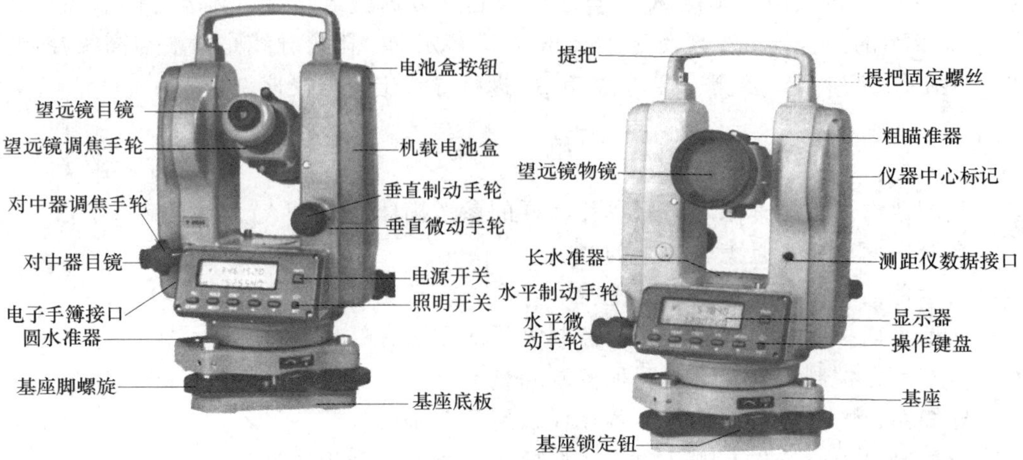

图 2.19 电子经纬仪南方 ET—02/05/05B

表 2.5　　电子经纬仪的操作键功能

按键名称	按 键 功 能
R/L 键 CONS	R/L：显示右旋/左旋水平角选择键。连续按此键，两种角值交替显示； CONS：专项特种功能模式键
HOLD 键 MEAS (◀)	HOLD：水平角锁定键。按此键两次，水平角锁定；再按一次解除； MEAS：测距键。按此键连续精确测距（电经仪无效）； （◀）：在特种功能模式中按此键，显示屏中的光标左移动
0 SET 键 TRK (▶)	0 SET：水平角置零键。按此键两次，水平角置零； TRK：跟踪测距键。按此键每秒跟踪测距一次，精度至 0.01（电经仪无效）； （▶）：在特种功能模式中按此键，显示屏中的光标右移动
V% 键 ▲	V%：竖直角和斜率百分比显示键。连续按键交替显示；在测距模式状态时，连续按此键则交替显示斜距（◢）、平距（◢）高差（◢）； ▲：增量键。在特种功能模式中按此键，显示屏中的光标可以上下移动或数字向上增加
MODE 键 ▼	MODE：测角、测距模式转换键。连续按键，仪器交替进入一种模式，分别执行键上或下标示的功能。 ▼：减量键。在特种功能模式中按此键，显示屏中的光标可以上下移动或数字向下减少
☼ 键 ● REC	☼：望远镜十字丝和显示光屏照明键。按键一次打开灯照明；再按则关（若不按键，10s 后自动熄灭）； REC：记录键。令电子手簿执行记录
PWR ■ 键	PWR：电源开关键。按键开机；按键大于 2s 则关机

液晶显示屏采用线条式液晶，常用符号全部显示时其位置如图 2.20 所示。中间两行各 8 个数位显示角度或距离等观测数据或提示字符串，左右两侧所显示的符号或字母表示数据的内容或采用的单位名称。显示符号及功能显示见表 2.6。

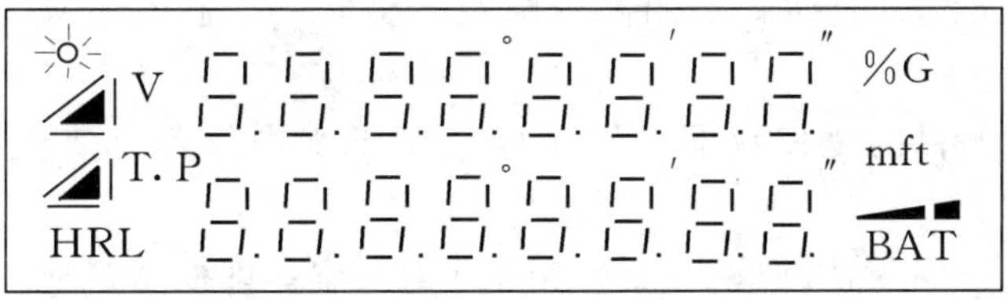

图 2.20 经纬仪液晶显示屏

表 2.6 **显示符号及功能显示**

显 示	内 容	显 示	内 容
V	竖直角	G	角度显示单位 GON
HR	右水平角	R/L	水平角测量方式（左、右角）
HL	左水平角	HOLD	保持水平角读数
Ht	复测法测角	0SET	水平角设置为零
8AVG	复测次数/平均角值	POWER	电源开关
TITL	倾斜改正模式	FUNC	按键上方注记功能选择
F	功能键选择方式	REP	重复角度测量
%	百分比		

2. 经纬仪的基本使用方法

经纬仪的使用包括仪器安置、照准和读数三项。

(1) 纬仪的安置。经纬仪安置操作程序是：打开三脚架腿，调整好其长度使脚架高度适合于观测者的高度，张开三脚架，将其安置在测站上，使架头大致水平。从仪器箱中取出经纬仪放置在三脚架头上，并使仪器基座中心基本对齐三脚架的中心，旋紧连接螺旋后，即可进行安置工作，主要有两项：对中和整平。

1) 对中。对中的目的是使用仪器的中心（竖轴）与测站点（角的顶点）位于同一铅垂线上。这是测量水平角的基本要求。对中方法有两种：垂球对中、光学对中。这里主要介绍光学对中。使用光学对中器对中应与整平仪器结合进行。光学对中的步骤如下：

a. 张开三脚架，目估对中且使三脚架架头大致水平，架高适中。

b. 将经纬仪固定在脚架上，调整对中器目镜焦距，使对中器的圆圈标志和测站点影像清晰。

c. 转动仪器脚螺旋，使测站点影像位于圆圈中心。

d. 伸缩脚架腿，使圆水准器泡居中。然后，旋转脚螺旋，通过水准管整平仪器。

e. 察看对中情况，若偏离不大，可以通过平移仪器使圆圈套住测站点位，精确对中。若偏离太远，应重新整置三脚架，直到达到对中的要求为止。

注意事项：

a. 对中后应及时固紧连接螺旋和架腿固定螺丝。

b. 检查对中偏差是否在规定限差要求之内。

c. 在坚滑地面上设站时，应将脚架腿固定好，以防止架腿滑动。

d. 在山坡上设站时，应使脚架的两个腿在下坡，一个腿在上坡，以保障仪器稳定、安全。

2）整平。整平的目的是使仪器的水平度盘位于水平位置或使仪器的竖轴位于铅垂方向。

整平分两步进行。首先用脚螺旋使圆水准气泡居中，即概略整平。其主要是通过伸缩脚架腿或旋转脚螺旋使圆水准气泡居中，其规律是圆水准气泡向升高脚架腿的一侧移动，或圆水准气泡移动方向与左手大拇指和右手食指旋转脚螺旋的方向一致；精确整平是通过旋转脚螺旋使照准管水准器在相互垂直的两个方向上气泡都居中。精确整平的方法如下，如图 2.21 所示。

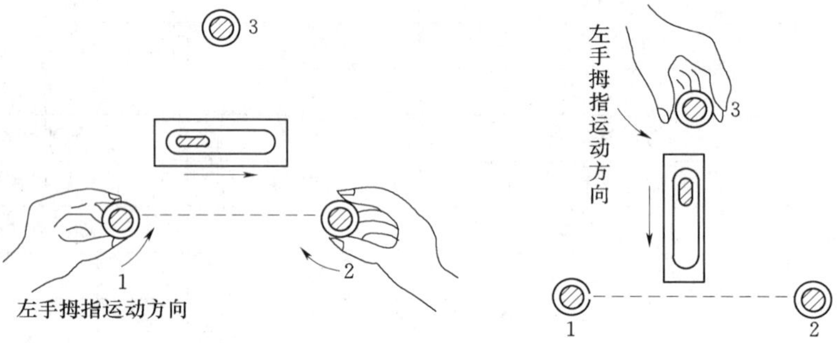

图 2.21 整平原理示意图

a. 旋转仪器使照准部管水准器与任意两个脚螺旋的连线平行，用两手同时相对或相反方向转动这两个脚螺旋，使气泡居中。

b. 然后将仪器旋转 90°，使水准管与前两个脚螺连线垂直，转动第三个脚螺旋，使气泡居中。如果水准管位置正确，如此反复进行数次即可达到精确整平的目的，即水准管转到任何方向时，水准气泡均居中，或偏离不超过 1 格。

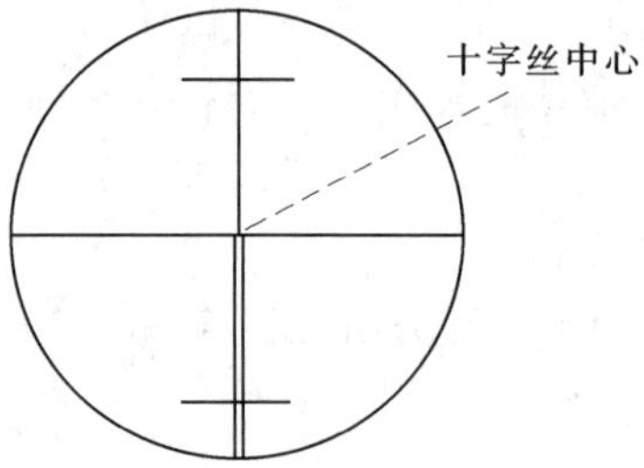

图 2.22 望远镜十字丝

（2）经纬仪使用。

1）照准。照准系用十字丝中心部位正对目标，故十字丝是瞄准目标的主要设备。经纬仪的十字丝情况如图 2.22 所示。测水平角时，以十字丝的纵丝瞄准目标。当目标较粗时，常用单丝平分之；若目标较细时，则常用双丝对称夹准之。如图 2.23（a）所示，如果杆状目标（花杆或旗杆）歪斜时，尽量照准根部，以减少照准偏差的影响。

横丝用来测竖直角。照准时，目标要靠近纵丝。切准目标的部位一定要明确并记录在手簿上，一般用中丝切准目标的上沿，如图 2.23（b）所示。另外还应注意，无论测水平角或竖角，其照准目标的部位均应接近于十字丝的中心较好。

操作方法：松开照准部和望远镜的制动螺旋，转动照准部和望远镜，用粗瞄准器使望远镜大致照准目标，然后从镜内找到目标并使其移动到十字丝中心附近，固定照准部和望远镜的制动螺旋，再旋转其微动螺旋，便可以准确照准目标的固定部位，读取水平度盘或

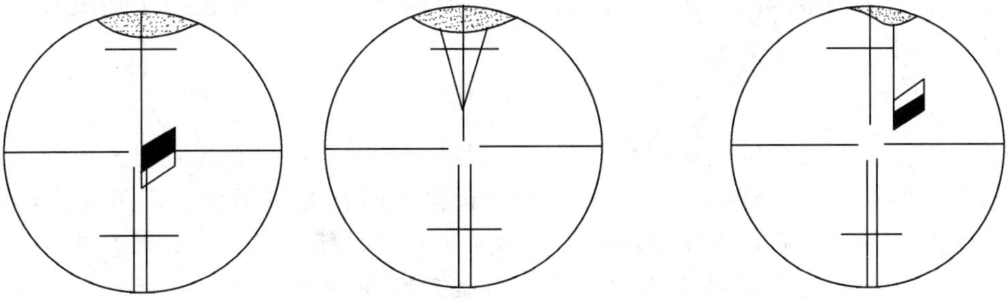

(a) (b)

图 2.23 照准目标

(a) 纵丝测水平角；(b) 横丝测竖直角

竖直度盘数值。

2）读数。电子经纬仪可直接在显示屏上读取读数。

3）配置度盘。配置度盘又称“对零”，其目的是为了计算方向观测值时更为方便。使起始方向（或称零方向）水平度盘读数在0°附近，或某一指定位置，都称为配置度盘。

当测角精度要求较高时，往往需要在一个测站上观测几个测回。为了减弱光学经纬仪度盘分划误差的影响以及计算方便，各测回零方向的起始数值 δ 按式（2.2）计算

$$\delta=\frac{180}{n}(i-1) \tag{2.2}$$

式中 n——测回数；

i——测回的序号。

例如，测两个测回（$n=2$），第1测回（$i=1$），零方向的度盘读数应为略大于0°；第2测回（$i=2$），零方向度盘读数应为略大于90°。

2.2.2 测回法

测回法常用于观测两个方向之间的夹角，是水平角观测的基本方法。设要测的水平角为 $\angle AOB$（图2.24），在 O 点安置经纬仪，分别照准 A、B 两点的目标进行读数，两读数之差即为要测的水平角值。

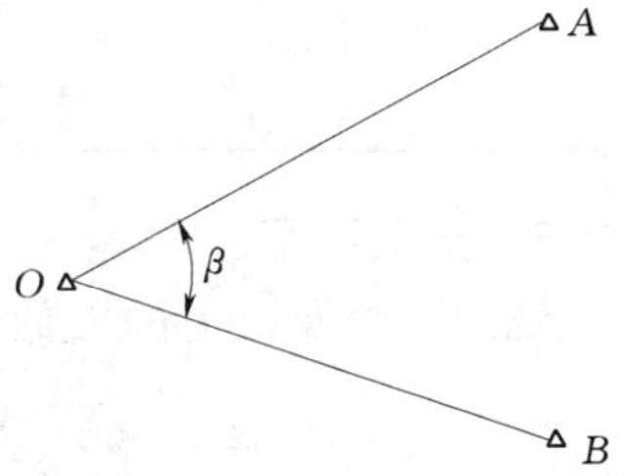

图 2.24 测回法示意图

1. 具体操作步骤

（1）盘左位置。瞄准目标 A，使标杆或测钎准确地夹在双竖丝中间（或单丝去平分）；为了减低标杆或测钎竖立不直的影响，应尽量瞄准标杆或测钎的最低部。

（2）读取水平度盘读数 $a_{左}$，记入观测手簿。

（3）顺时针方向转动照准部，用同样的方法瞄准目标 B，读记水平度盘读数 $b_{左}$；以上（2）、（3）步称为盘左半测回或上半测回，测得角值为 $\beta_{左}=b_{左}-a_{左}$。

（4）倒转望远镜，盘左变成盘右，按上述方法先瞄准目标 B，记水平度盘读数 $b_{右}$。

（5）逆时针转动照准部，瞄准目标 A，记水平度盘读数 $a_{右}$。以上操作步骤（4）、（5）称为盘右半测回或下半测回，测得角值为 $\beta_{右}=b_{右}-a_{右}$。

盘左和盘右两个半测回合在一起称为一测回。两个半测回得角值得平均值就是一测回的观测结果，即

$$\beta=\frac{1}{2}(\beta_{左}+\beta_{右}) \tag{2.3}$$

采用盘左、盘右两个位置观测水平角，可以抵消某些仪器构造误差对测角的影响，同时可以检查观测中有无错误。由于水平度盘注记是顺时针方向增加的，因此在计算角值时，无论是盘左还是盘右，均应用右侧的读数减去左侧目标的读数，如果不够减，则应加上 360°再减。为了提高测量精度，往往需要对某角度观测多个测回。为了减少度盘分划步均匀误差的影响，按式（2.2）设置各测回度盘的起始读数。

测回法通常有两项限差，一是两个半测回的方向值（即角值）之差；二是各测回方向值之差。对于不同精度的仪器，有不同的规定限值。就 5 秒经纬仪而言，半测回角度之差应小于 36″，各测回角度之差应小于 24″，如果超限，应找出原因并重测。

2. 记录与计算

表 2.7 为测回法观测记录表。

表 2.7　　测回法观测记录表

测站	测回数	垂直度盘位置	目　标	度盘读数 (° ′ ″)	半测回角值 (° ′ ″)	一测回角值 (° ′ ″)	各测回平均值 (° ′ ″)
O	1	左	A	0 00 06	85 35 42	85 35 39	85 35 40
			B	85 35 48			
		右	A	180 00 12	85 35 36		
			B	265 35 48			
	2	左	A	90 01 06	85 35 48	85 35 42	
			B	175 36 54			
		右	A	270 01 06	85 35 36		
			B	355 36 42			

2.2.3　全圆测回法

观测三个及以上的方向时，通常采用全圆测回法（也称方向观测法或全圆方向法），它是以某一个目标作为起始方向（又称零方向），依次观测出其余各个目标相对于起始方向的方向值，然后根据方向值计算水平角值。

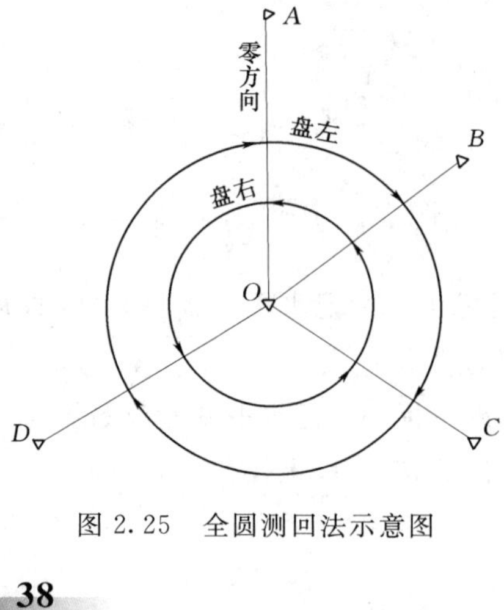

图 2.25　全圆测回法示意图

设在如图 2.25 所示的测站 O 上观测到 A、B、C、D 各个方向之间的水平角，用全圆测回法的操作步骤如下。

1. 观测步骤

（1）将仪器安置与于测站 O 上，对中、整平。

（2）选与 O 点相对较远的目标 A 作为零方向。

（3）盘左位置，照准部标 A，配置度盘的起始读数。读取该数并记入观测手簿中。

(4) 顺时针方向转动照准部，依次瞄准目标 B、C、D，读取相应的水平读数并记入观测手簿中。

(5) 为了检查观测过程中水平度盘是否变动，需要顺时针方向再次瞄准零方向 A 并读取水平度盘的读数。这一步骤称为“归零”，两次零方向读数之差称为半测回归零差。使用5秒经纬仪观测，半测回归零差不应大于18″。如果半测回归零差超限，应立即查明原因并重测。

观测步骤（3）～（5）为上半测回，可见上半测回的观测顺序为 $A \rightarrow B \rightarrow C \rightarrow D \rightarrow A$。

(6) 倒转望远镜使仪器成盘右位置，逆时针转动照准部，照准零方向 A，读取读数并记入观测手簿中。

(7) 逆时针方向转动照准部，依次照准目标 D、C、B，读取相应的读数并记入观测手簿中。

(8) 再逆时针转动照准部瞄准零目标点 A，读取水平度盘读数并计算归零误差是否超限，其限差规定同上半测回。

观测步骤（6）～（8）为下半测回，可见下半测回的观测顺序为 $A \rightarrow D \rightarrow C \rightarrow B \rightarrow A$。

上、下半测回合起来称为一测回。表2.8为两个测回的全圆测回法手簿的记录和计算举例。

表2.8　　全圆测回法观测记录表

测站	测回数	目标	水平度盘读数		2C (″)	平均值 (° ′ ″)	归零方向值 (° ′ ″)	各测回平均方向值 (° ′ ″)	水平角值 (° ′ ″)
			盘左 (° ′ ″)	盘右 (° ′ ″)					
O	1	A	0 00 06	180 00 18	−12	(0 00 16) 0 00 12	0 00 00	0 00 00	
		B	81 54 06	261 54 00	+06	81 54 03	81 53 47	81 53 52	81 53 52
		C	153 32 48	333 32 48	0	153 32 48	153 32 32	153 32 32	71 38 40
		D	284 06 12	104 06 06	+06	248 06 09	284 05 53	284 06 00	130 33 28
		A	0 00 24	180 00 18	+06	0 00 21			75 54 00
	2	A	90 00 12	270 00 24	−12	(90 00 21) 90 00 18	0 00 00		
		B	171 54 18	351 54 18	0	171 54 18	81 53 57		
		C	243 32 48	63 33 00	−12	243 32 54	153 32 33		
		D	14 06 24	194 06 30	−06	14 06 27	284 06 06		
		A	90 00 18	270 00 30	−12	90 00 24			

2. 全圆测回法的计算及限差的规定

(1) 计算两倍照准轴误差（2C）及限差。两倍照准轴误差（用 2C 表示），它在数值上等于一测回同一方向的盘左读数 L 与盘右读数 $R \pm 180°$ 之差，即

$$2C = L - (R \pm 180°) \tag{2.4}$$

如果观测目标大致在水平方向，则 2C 值应该为一常数。但实际观测中，由于观测误

差的产生是不可避免的，各方向的 $2C$ 值不可能相等。同一测回中，$2C$ 的最大值与最小值之差称为"$2C$ 互差"。在进行水平角的测量时更多的是关注"$2C$ 互差"。规范规定 5 秒型仪器同测回 $2C$ 互差绝对值不得大于 36″。

（2）计算各方向读数的平均值。取每一方向盘左读数与盘右读数±180°的平均值，作为该方向的平均数。

$$平均读数=\frac{L+(R\pm180°)}{2} \tag{2.5}$$

由于归零起始方向有两个平均读数，应再取其平均值，作为该方向的平均读数。

（3）各测回同一方向归零方向值的计算。为了便于以后的计算和比较，要把起始方向值（零方向值）改化成 0°00′00″，即把原来的方向值减去起始方向 A"归零"后的平均值，即

$$归零方向值=平均读数-零方向平均读数 \tag{2.6}$$

如果进行多个测回观测，同一方向的各测回观测得到的归零方向理论上应该是相等，但实际会包含有误差，它们之间的差值称为"同一方向各测回归零值之差"。

（4）各测回平均归零方向值的计算。将各测回同一方向的归零方向值相加减并除以测回数，即得该方向各测回平均归零方向值。

（5）水平角计算。将组成该角的两个方向的方向值相减即可得该水平角。

3. 重测及原始数据更改的规定

（1）重测的规定。重测就是观测结果超出规定限差而需要重新进行观测。重测通常在基本测回完成后进行的。其规定如下：

1）$2C$ 互差、两个半测回同一方向值互差或各测回同一方向值互差超限时，应均重测超限方向并联测零方向。

2）零方向的 $2C$ 互差或下半测回的归零差超限，均应重测该测回。方向观测法中一测回中，重测的方向数超过该测回方向总数的 1/3 时，该测回应重测。

3）采用方向观测法时，每站基本测回中重测的方向数，不应超过测回全部方向总数的 1/3，否则重测该测回。

4）因读错度盘、测错方向、读记错误、上半测回归零差超限、碰动仪器以及其他原因未测定的测回，均应立即重新观测，而不算作重测测回数，称之为补测。补测没有限制。

（2）原始数据更改的规定。

1）读记错误的秒值不许改动，应重新观测。读记错误的度、分值必须现场更改，但同一方向盘左、盘右、半测回值三者之间不得同时更改两个相关数字，同一测站不得有两个相关得数字连环更改，否则均应重测。

2）凡更改错误，均应将错误数字、文字用横线整齐划去，在其上方写出正确的数字或文字。原错误数字或文字应仍能看清楚，以便检查。需要重测的方向或需要重测的测回可用从左上角至右下角的斜线划去。凡划改的数字或划去的不合格成果，均应在备注栏内注明原因。需要重测的方向或测回，应注明重测结果所在的页数。废站页应整齐划去并注明原因。

3）补测或重测结果不得记录在测错的手簿页数之前。

练　　习

1. 什么是水平角？瞄准在同一竖直平面上高度不同的点，其水平度盘的读数是否相同？为什么？

2. 观测水平角时，对中的目的是什么？整平的目的是什么？

3. 测水平角时，仪器对中精度是目标近要求高，还是目标远要求高？为什么？

4. 试分别叙述测回法、全圆测回法观测水平角的步骤。

5. 测回法、全圆测回法观测水平角分别有哪几个项限差？

6. 计算表2.9中测回法测水平角外业观测数据。

表2.9　　**测回法测水平角外业数据记录表**

测站	测回数	垂直度盘位置	目　标	度盘读数 (° ′ ″)	半测回角值 (° ′ ″)	一测回角值 (° ′ ″)	各测回平均值 (° ′ ″)
O	1	左	A	0 03 24			
			B	79 20 30			
		右	B	259 20 48			
			A	180 03 36			
	2	左	A	90 02 18			
			B	169 19 36			
		右	B	349 19 24			
			A	270 02 12			

7. 计算表2.10中全圆测回法光测水平角外业观测数据。

表2.10　　**全圆测回法测水平角外业数据记录表**

测站	测回数	目标	水平度盘读数 盘左 (° ′ ″)	水平度盘读数 盘右 (° ′ ″)	2C (″)	平均值 (° ′ ″)	归零方向值 (° ′ ″)	各测回平均方向值 (° ′ ″)	水平角值 (° ′ ″)
O	1	A	0 02 12	180 02 06					
		B	50 33 54	230 33 18					
		C	115 27 06	295 27 00					
		D	192 52 42	12 52 30					
		A	0 02 24	180 02 06					
	2	A	90 32 24	270 32 24					
		B	141 03 36	321 03 18					
		C	205 57 18	25 57 06					
		D	283 22 54	103 22 48					
		A	90 32 30	270 32 18					

学习情景3　竖 直 角 观 测

学习单元3.1　竖直度盘的构造和注记

3.1.1　竖直角定义

竖直角有两种表示方法：竖直角和天顶距，如图2.26所示。

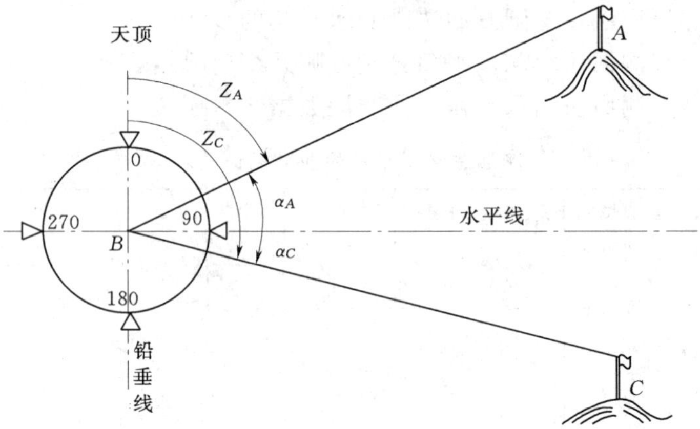

图2.26　竖直角的定义

（1）竖直角。在同一铅垂面内，瞄准目标的倾斜视线与水平视线的夹角（也叫垂直角）。用α表示，数值范围为0°～±90°，仰角为正，俯角为负。

（2）天顶距。在同一铅垂面内，瞄准目标的倾斜视线与天顶方向线的夹角，用Z表示，数值范围为0°～±180°。

3.1.2　竖直度盘的构造与注记

1. 竖直度盘的构造

竖直度盘固定在望远镜的旋转轴（横轴）上。基本装置包括竖直度盘、竖盘指标水准管、竖盘指标水准管微动螺旋。

特点：读数指标线固定不动，而整个竖盘随望远镜一起转动。

2. 竖直度盘的注记

竖直度盘有两种注记方式：顺时针和逆时针，如图2.27、图2.28所示。

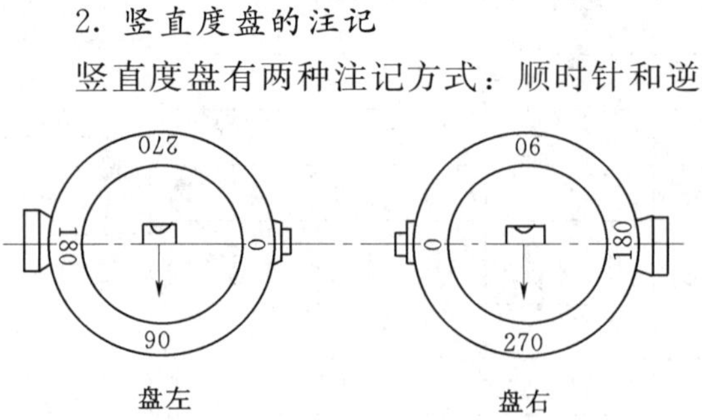

图2.27　顺时针注记

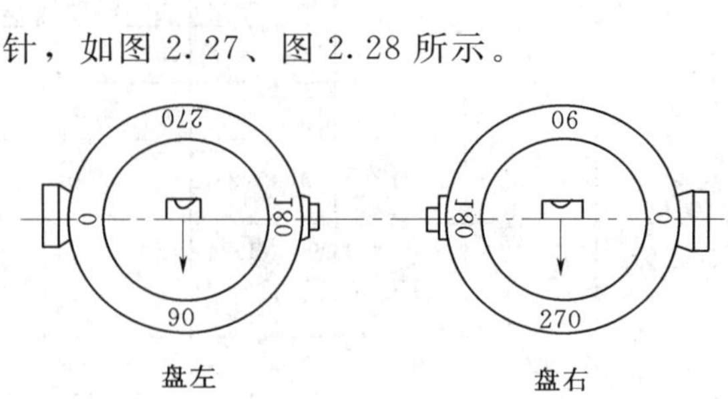

图2.28　逆时针注记

(1) 顺时针注记。

刻划：目镜 0°，物镜 180°。

(2) 逆时针注记。

刻划：物镜 0°，目镜 180°。

学习单元 3.2 竖直角的计算方法

3.2.1 竖直角的计算

(1) 顺时针注记时，竖直角计算式为

$$\left.\begin{aligned}\alpha_{左}&=90°-L\\ \alpha_{右}&=R-270°\end{aligned}\right\} \tag{2.7}$$

则一测回竖直角

$$\alpha=(\alpha_{左}+\alpha_{右})/2 \tag{2.8}$$

(2) 逆时针注记时，竖直角计算式为

$$\left.\begin{aligned}\alpha_{左}&=L-90°\\ \alpha_{右}&=270°-R\end{aligned}\right\} \tag{2.9}$$

则一测回竖直角

$$\alpha=(\alpha_{左}+\alpha_{右})/2 \tag{2.10}$$

根据竖直角定义及竖盘构造，总结可得：

(1) 当视线上抬，竖盘读数减小：

竖直角＝目标方向线竖盘读数－视线水平时数盘读数

(2) 当视线上抬，竖盘读数增大：

竖直角＝视线水平时数盘读数－目标方向线竖盘读数

3.2.2 竖盘指标差的计算

1. 竖盘指标差定义

由于指标线偏移，当视线水平时，竖盘读数不是恰好等于 90°或 270°，而是与 90°或 270°相差一个 x 角，称为竖盘指标差。当偏移方向与竖盘注记增加方向一致时，x 为正，反之为负。

2. 竖盘指标差的计算

如图 2.29 所示可得，$\alpha_{左}=90°-(L-x)$

$$\alpha_{右}=(R-x)-270° \tag{2.11}$$

$$\alpha=1/2[(90°-L+x)+(R-x-270)]=1/2[(R-L)-180°] \tag{2.12}$$

故竖盘指标计算式为

$$x=1/2(L+R-360°) \tag{2.13}$$

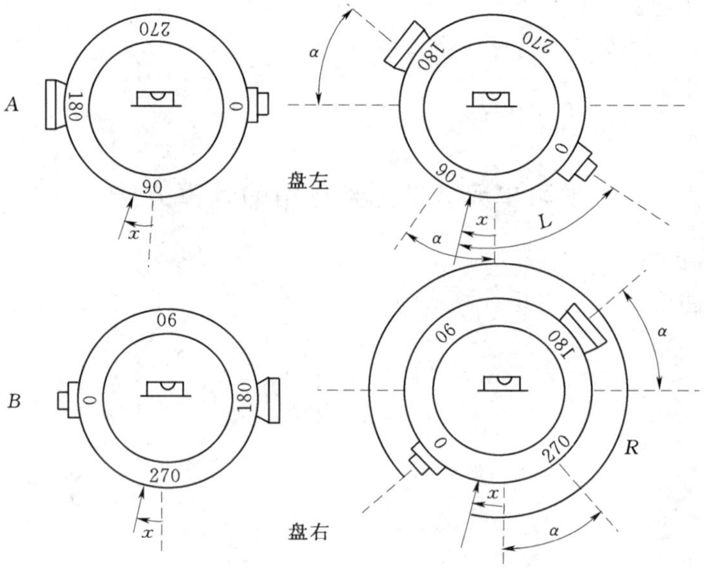

图 2.29 竖盘指标差

或 $$x=1/2(\alpha_{右}-\alpha_{左}) \tag{2.14}$$

竖直角计算时，取盘左盘右平均值，可消除竖盘指标差的影响。

指标差变化容许值，对于不同的仪器规定也不同。一般规范规定，指标差变动范围，J_6 经纬仪指标差变动范围小于 25″，J_2 经纬仪指标差变动范围小于 15″。

学习单元 3.3 竖直角的观测与记录

3.3.1 竖直角观测（以顺时针注记的度盘为例）

（1）如图 2.30 所示，在 O 点安置仪器，对中、整平、量取仪器高。

（2）盘左瞄 A，竖盘气泡居中，读数为 $L_A=86°25'18''$，记入手簿，计算盘左角值（为上半测回观测）。

$$\alpha_{左}=90°-L_A=3°34'42''$$

（3）盘右瞄 A，竖盘气泡居中，读数为 $R_A=273°34'30''$，记入手簿，计算盘右角值（为下半测回观测）。

$$\alpha_{右}=R_A-270°=3°34'30''$$

（4）计算一测回角值。

$$\alpha=(\alpha_L+\alpha_R)/2=3°34'36''$$

（5）指标差计算。

$$x_A=1/2(L+R-360°)=-6''$$

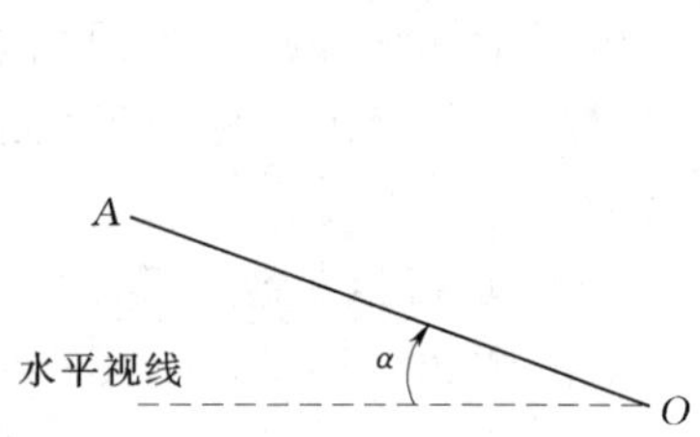

图 2.30 竖直角观测示意图

3.3.2 竖直角的记录与计算

竖直角的记录与计算见表 2.11。

表 2.11　　　　　　　　　　竖直角观测手簿

测站	目标	竖盘位置	竖盘读数 (° ′ ″)	半测回竖直角 (° ′ ″)	指标差 (″)	一测回竖直角 (° ′ ″)	备　注
O	A	左	86 25 18	+3 34 42	−06	+3 34 36	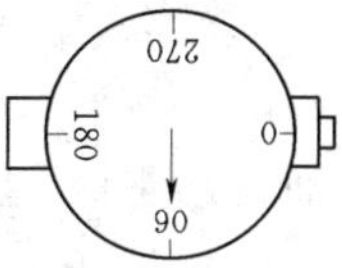
		右	273 34 30	+3 34 30			
	B	左	95 03 12	−5 03 12	−18	−5 03 30	
		右	264 56 12	−5 03 48			

练　　习

1. 什么叫竖角？竖角的正负是如何规定的？为什么只瞄准一个方向即可测的竖直角？
2. 什么叫指标差？指标差对竖角有何影响？竖角观测读数时应注意什么？
3. 在水准观测、水平角观测、竖角观测中，哪种需要对中？哪种观测需要量仪器高？
4. 计算表2.12中竖直角和竖直指标差的计算方法。

表 2.12　　　　　　　　　　竖直角与竖直指标差计算表

测站	目标	竖盘位置	竖盘读数 (° ′ ″)	半测回竖直角 (° ′ ″)	指标差 (″)	一测回竖直角 (° ′ ″)	备　注
O	M	左	91 12 42				竖盘顺时针注记
		右	268 47 30				
	N	左	88 35 18				
		右	271 24 36				

学习情景4　经纬仪的检验校正和角度测量误差来源

学习单元4.1　经纬仪的检验和校正

4.1.1　检验、校正的目的

为了测得正确可靠的水平角和竖角，使之达到规定的精度标准，作业开始前必须对经纬仪进行检验和校正。

4.1.2　经纬仪的检验和校正的方法

在对仪器进行五项检验校正之前，应先对仪器进行一般检视，即检查度盘和照准部旋转是否平滑自如；各种螺旋和望远镜运转是否灵活有效；望远镜视场中有无灰尘或点；度盘和测微尺的分划线是否清晰；仪器附件是否齐全。然后再对仪器进行逐项检验和校正。

1. 照准部管水准轴（LL）应与竖轴（CC）正交

（1）检校目的。整置仪器后，保证竖轴与铅垂线方向一致，即置水平度盘于水平位置。

（2）检验方法。先概略整平仪器，使管水准器与任意两个脚螺旋的连线平行，旋转脚螺旋使气泡居中，然后将照准部旋转180°，若气泡仍居中，则表示条件满足，否则应校正。

如图 2.31 所示，当气泡居中时，表明水准管轴已水平，此时，如果水准管轴与竖轴是正交的，则竖轴应处于铅垂线方向，水平度盘应处于水平位置；若水准管轴与竖轴不正交，如图 2.31（a）所示，竖轴与铅垂线将有夹角 α，则水平度盘与水准轴的交角也为 α。当照准部旋转 180°时，气泡偏离，如图 2.31（b）所示，因竖轴倾斜方向没变，可见管水准轴与水平线的夹角为 2α，气泡偏离零点的格值 e 就显示了 2α 角。

（3）校正方法。先旋转脚螺旋，用校正针拨动管水准器一端的校正螺丝，改正气泡偏离格值的一半（$e/2$），如图 2.31（a）所示，使竖轴处于铅垂方向。剩下的一半（$e/2$）用管水准器的正交螺丝改正之，使气泡居中，如图 2.31（b）所示。

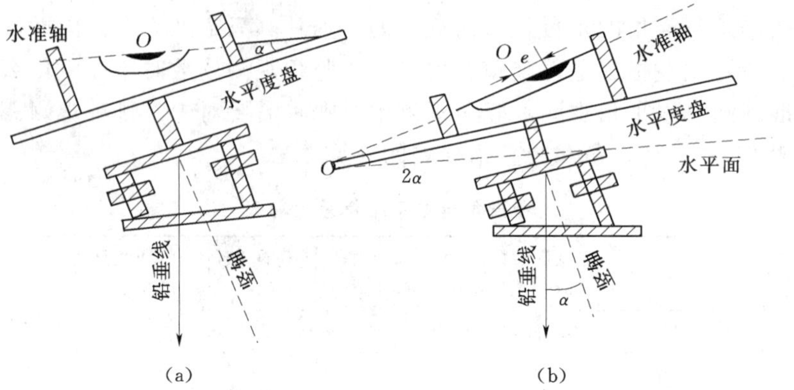

图 2.31 照准部水准管的检验与校正

此项检验校正必须反复进行，直到照准部转到任何位置后气泡偏离值不大于 1 格时为止。

2. 十字丝竖丝应与横轴正交

（1）检校目的。使十字丝竖丝与照准面一致。

（2）检验方法。整平仪器。用十字丝竖丝一端照准一清晰小点 A，固定照准部和望远镜，转动望远镜微动螺旋，使目标点 A 沿竖丝慢慢移动，若点 A 不离开竖丝，则表示满足条件，否则应进行校正。如图 2.32 所示，点 A 移动到竖丝另一端时偏到了 A' 处应进行校正。

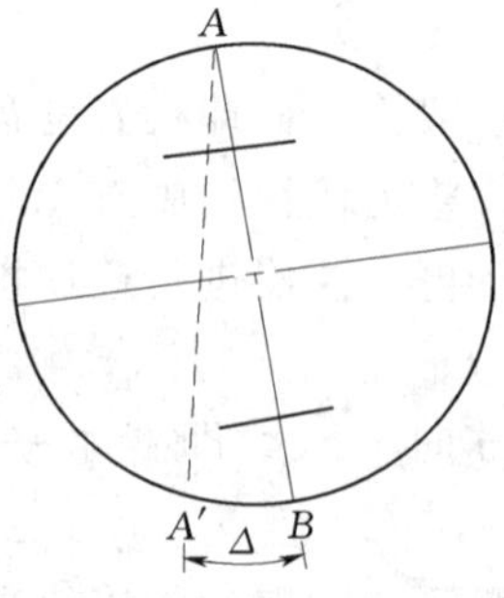

图 2.32 十字丝检验

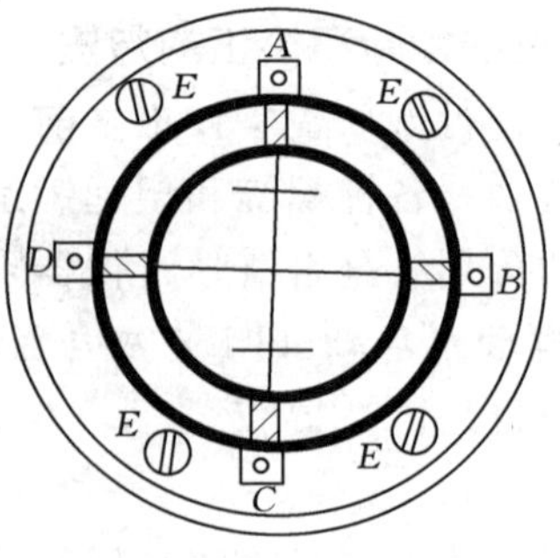

图 2.33 十字丝校正螺丝

（3）校正方法。打开十字丝环护罩，可见图 2.33 所示的校正装置，松开四个校正螺丝 E，轻轻转动十字丝环，使点 A 从 A' 处向竖丝移动偏离量的一半（$Q/2$）即可。

此项检校须反复进行，直至上下转动望远镜时点 A 始终不离开竖丝为止。校正结束，应及时拧紧四个校正螺丝 E，并旋上护盖。

3. 视准轴（CC）应与横轴（HH）正交

（1）检校目的。使视准面成一铅垂面。

（2）检验方法。如图 2.34 所示，在一平坦场地上，选择相距约 60m 左右的 A、B 两点，安置仪器于 A、B 连线的中点 O，在 A 点设置一个与仪器高度相等的标志，在 B 点与仪器等高的位置横置一把刻有毫米分划的直尺，并使其垂直于视线 OB。盘左位置瞄准 A 点标志，固定照准部，然后倒转望远镜，在 B 尺上读得读数 B_1，如图 2.34（a）所示。盘右位置瞄准 A 点，固定照准部，倒转望远镜，在 B 尺上得读数 B_2，如图 2.34（b）所示，此时，盘左时 B_1B 之长为 $2C$ 的反映，盘右 B_2B 之长亦为 $2C$ 的反映，即 B_1B_2 之长为 $4C$ 的反映。则 C 的角值为

$$C=\frac{1}{4}\frac{B_1B_2}{OB}\rho \tag{2.15}$$

如果 $B_1=B_2$，则说明视准轴垂直与横轴，否则就需要校正。

（3）校正方法。由 B_2 点向 B_1 点量取 $\frac{1}{4}B_1B_2$ 的长度定出 B_3 点，此时 B_3 便垂直于横轴，用校正针拨动十字丝环的左右一对校正螺丝，如图 2.34 所示，先松其中一个校正螺丝，使十字丝中心与 B_3 点重合。完成校正后，应重复上述检验操作，一般来说 5 秒经纬仪应使 C 值小于 $1'$为止。此项检校须反复进行。

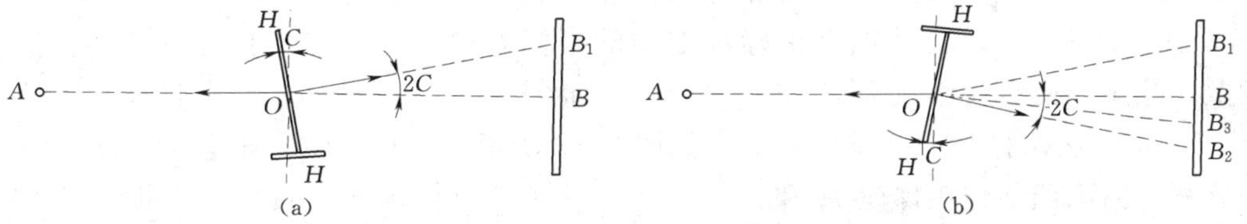

图 2.34　视准轴的检验与校正

4. 横轴（HH）应与竖轴（VV）正交

（1）检校目的。整置仪器后，水平轴能处于水平位置。

（2）检验方法。如图 2.35 所示，在一面高墙上固定一个清晰的照准标志 P，在距墙面约 10～20m 处安置仪器，先盘左位置照准点 P（仰角宜大于 30°），固定照准部，然后使望远镜视准轴水平，在墙面上标出照准点 P_1；接着倒转望远镜，盘右再次照准 P 点，固定照准部，然后使望远镜视准轴水平，在墙面上标出照准点 P_2，则

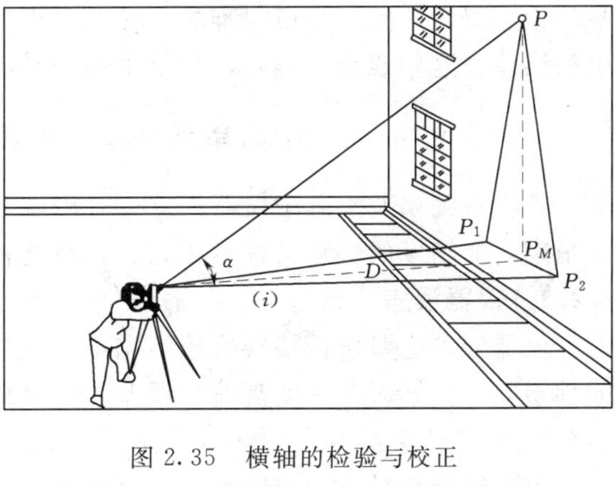

图 2.35　横轴的检验与校正

横轴误差的计算公式为

$$i=\frac{P_1P_2}{2D\tan\alpha}\rho \tag{2.16}$$

式中　α——P 点的竖直角，通过对 P 点的竖直角观测一测回获得；

D——测站至 P 点的水平距离。计算出来的 $i\geqslant 20''$时，必须校正。

（3）校正方法。水平轴与竖轴不正交的主要原因是水平轴两端支架不等高所至。故校正时，打开仪器的支架护盖，调整偏心轴承环，抬高或降低横轴的一端，使 $i=0''$。此项校正需要在无尘的室内环境中使用专用的平行光管进行，一般由专业维修人员校正。

5. 竖盘指标差应近于零

在竖角观测中，指标差的大小对算得的竖角并无影响。但指标差太大，即不利于心算，且易算错，故应予以检验校正。

（1）检校目的。尽量使指标差接近于零。

（2）检校方法。

1）有指标水准器仪器的指标差检校。

a. 检验方法。仪器整平后，以盘左、盘右位置中丝切准某一视线近于水平的明显目标，读取竖盘读数 L 及 R（注意读数前一定使指标水准器气泡严密居中），并计算指标差 i，若超过规定限差应校正。

b. 校正方法。旋转指标水准器微动螺旋，使竖盘读数为 $R-i$ 或 $L-i$，并使中丝切准目标不动，此时指标水准气泡必不居中。旋下指标水准器一端的护盖，用改针先松后紧其上、下；再校正螺丝，使气泡居中。

2）有自动安平补偿器的经纬仪的指标差检校。

a. 检验方法。检验方法同有指标水准器的指标差检校，当求出指标差之后，旋转望远镜微动螺旋，使竖盘读数为 $R-i$ 或 $L-i$，此时十字丝的中丝必不切准目标。

b. 校正方法。打开十字丝环护盖，如图 2.33 所示，先松开校正螺丝 B 或 D，然后按先松后紧的原则调整校正螺丝 A 和 C，直至中丝切准目标为止。校完后及时拧紧松开过的校正螺丝，并旋上十字丝环护盖。

经纬仪的每项检较均要反复进行，最后要求满足应具备的条件。不过要校正得完全满足理论上提出的要求是很困难的，一般只求达到实际作业所需的精度，因此必然存在着残余的误差。这些残余的误差，如果采用合理的观测方法，大部分可以相互抵消。

学习单元 4.2　角度测量误差来源分析

角度观测误差来源于仪器误差、观测误差和外界条件三个方面的影响。这些误差来源对角度观测精度的影响又各不相同。现将几种主要误差来源介绍如下。

4.2.1　仪器误差

仪器误差主要包括仪器检校不完善和制造加工不完备引起的误差，包括视准轴误差、横轴误差、竖轴误差、度盘偏心误差、度盘刻划不均匀误差、竖盘指标差。

1. 视准轴误差

视准轴误差是由于视准轴不垂直横轴引起的水平方向读数误差。由于盘左、盘右观测时该误差的符号相反，因此可以采用盘左、盘右观测取平均值的方法消除。

2. 横轴误差

横轴误差是由于横轴与竖轴不垂直而引起水平方向读数存在误差。由于盘左、盘右观测同一目标时的水平方向读数误差大小相等、方向相反。所以也可以采用盘左、盘右观测取平均值的方法消除。

3. 竖轴误差

竖轴误差是由于水准管轴不垂直于竖轴，或水准管不水平而引起的误差。这种误差不能通过盘左、盘右观测取中数的方法消除其对水平角观测方向的影响。只能通过校正尽量减少残存误差。

视准轴误差，水平轴误差和竖轴误差是经纬仪的三个主轴误差，通常称为三轴误差，它是仪器误差的主要组成部分，必须予以充分重视。

4. 度盘偏心误差

如图2.36所示，经纬仪的照准部旋转中心 O_1 与水平度盘分划中心 O 理论上应该完全重合。但由于仪器误差的影响，实际上它们不会完全重合，存在照准部偏心误差。

度盘偏心误差也可以用盘左、盘右的观测取平均值的方法加以消除。

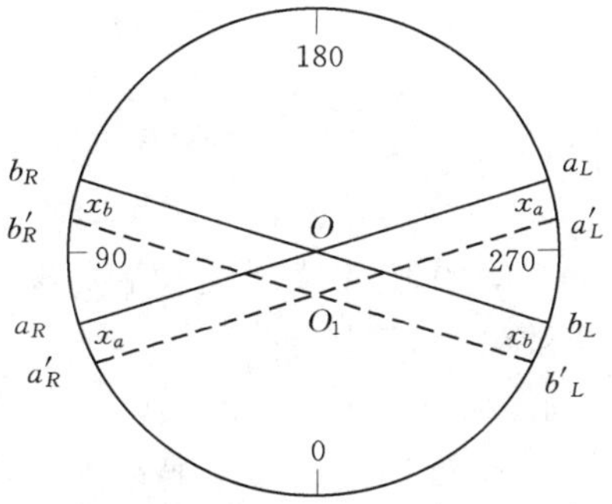

图2.36　度盘偏心误差

5. 度盘刻划不均匀误差

由于仪器度盘刻划不均匀引起的水平方向读数误差，可以通过配置各测回度盘起始读数的方法，使读数均匀地分布在度盘各个区间而予以减小。电子经纬仪采用的不是光学度盘而是电子度盘，所以不需要配置起始度盘的读数。

6. 竖盘指标差

由于竖盘指标水准管工作状态不正确，导致竖盘指标没有处在正确的位置，产生竖盘读数误差。这种误差同样也可以用盘左、盘右的观测取平均值的方法加以消除。

4.2.2　观测误差

1. 仪器对中误差

仪器对中误差是指仪器经过对中后，仪器竖轴没有与过测站点中心的铅垂线严密重合而引起的误差（也称测站偏心误差）。

2. 目标偏心误差

目标偏心误差是指照准点上竖立的花杆或旗杆不垂直或没有立在点位中心而使观测方向偏离点位中心的误差。目标偏心差对水平方向的影响与照准点偏离目标中心的距离成正比，与边长成反比。因此观测时应尽量瞄准标杆的底部，标杆要尽量竖直，在边较短时，更要注意将标杆竖直并立在点位中心，标杆要细一些。

3. 照准误差

在角度观测中，影响照准精度的因素有望远镜放大倍率、物镜孔径等仪器参数、人眼的判断能力、照准目标的形状、大小、颜色、衬托背景、目标影像的亮度和清晰度以及通视情况等，一般认为望远镜放大倍率和人眼的判断能力是影响照准精度的主要因素。经验证明：目标亮度适宜，清晰度好，花杆粗细适中，双丝照准精度会略高一些。

4.2.3 外界条件的影响

外界条件的影响主要指各种外界条件的变化对角度观测精度的影响。如大风影响仪器稳定；大气透明度差影响照准精度；空气温度变化，特别是太阳直接的暴晒，可能使脚架产生扭转，并影响仪器的正常状态；地面辐射热会引起空气剧烈波动，使目标影像变得模糊甚至飘移；视线贴近地面或通过建筑物旁、冒烟的烟囱上方，接近水面的空间等还会产生不规则的折光；地面坚实与否影响仪器的稳定程度等。这些影响是极其复杂的，要想完全避免是不可能，但大多数与时间有关。因此，在角度观测时应注意选择有利的观测时间；操作要轻稳；尽量缩短一测回的观测时间；仪器不让太阳暴晒；尽可能避开不利条件等，以减少外界条件变化的影响。

练　　习

1. 经纬仪有哪些轴线？它们之间应满足哪些条件？
2. 经纬的检验校正主要有哪几项？检验时有无顺序要求？
3. 经纬仪的仪器误差主要包括哪些项目？哪些误差可以用盘左、盘右取中数的观测方法消除或削弱？
4. 对中误差、照准误差、读数误差能否通过观测方法予以消除？
5. 角度测量误差主要来源于哪些方面？在测量工作中应如何操作才能消除或减少其误差的影响？

学习情景5　距　离　测　量

学习单元5.1　钢　尺　量　距

5.1.1 量距的工具

1. 钢尺

钢尺是用薄钢片制成的带状尺，可卷入金属圆盒内，故又称钢卷尺。尺宽约10～15mm，长度有20m、30m和50m等几种。根据尺的零点位置不同，有端点尺和刻线尺之分。

钢尺的优点：钢尺抗拉强度高，不易拉伸，所以量距精度较高，在工程测量中常用钢尺量距。

钢尺的缺点：钢尺性脆，易折断，易生锈，使用时要避免扭折、防止受潮。

2. 测杆

测杆多用木料或铝合金制成，直径约3cm、全长有2m、2.5m及3m等几种规格。杆上油漆成红、白相间的20cm色段，测杆下端装有尖头铁脚，便于插入地面，作为照准标志。

3. 测钎

测钎一般用钢筋制成，上部弯成小圆环，下部磨尖，直径3～6mm，长度30～40cm。钎上可用油漆涂成红、白相间的色段。通常6根或11根系成一组。量距时，将测钎插入地面，用以标定尺端点的位置，亦可作为近处目标的瞄准标志。

4. 锤球、弹簧秤和温度计等

锤球用金属制成，上大下尖呈圆锥形，上端中心系一细绳，悬吊后，锤球尖与细绳在同一垂线上。它常用于在斜坡上丈量水平距离。

弹簧秤和温度计等将在精密量距中应用。

5.1.2 钢尺一般量距的方法

1. 平坦地区的距离丈量

丈量前，先将待测距离的两个端点A、B用木桩（桩上钉一小钉）标志出来，然后在端点的外侧各立一标杆，清除直线上的障碍物后，即可开始丈量。丈量工作一般由两人进行。后尺手持尺的零端位于A点，并在A点上插一测钎。前尺手持尺的末端并携带一组测钎5根（或10根），沿AB方向前进，行至一尺段处停下。后尺手以手势指挥前尺手将钢尺拉在AB直线方向上；后尺手以尺的零点对准B点，当两人同时把钢尺拉紧、拉平和拉稳后，前尺手在尺的末端刻线处竖直地插下一测钎，得到点L，这样便量完了一个尺段。随之后尺手拔起A点上的测钎与前尺手共同举尺前进，同法量出第二尺段。如此继续丈量下去，直至最后不足一整尺段（$n-B$）时，前尺手将尺上某一整数分划线对准B点，由后尺手对准n点在尺上读出读数，两数相减，即可求得不足一尺段的余长，为了防止丈量中发生错误及提高量距精度，距离要往、返丈量。上述为往测，返测时要重新进行定线，取往、返测距离的平均值作为丈量结果。量距精度以相对误差表示，通常化为分子为1的分式形式。

2. 倾斜地面的距离丈量

(1) 平量法。沿倾斜地面丈量距离，当地势起伏不大时，可将钢尺拉平丈量，丈量由A向B进行，甲立于A点，指挥乙将尺拉在AB方向线上。甲将尺的零端对准A点，乙将尺子抬高，并且目估使尺子水平，然后用垂球尖将尺段的末端投于地面上，再插以插钎。若地面倾斜较大，将钢尺抬平有困难对，可将一尺段分成几段来平量。

(2) 斜量法。当倾斜地面的坡度均匀时，可以沿着斜坡丈量出AB的斜距L，测出地面倾斜角，然后计算AB的水平距离D。

学习单元5.2 视 距 测 量

5.2.1 视距测量原理

视距测量是利用望远镜内的视距装置配合视距尺，根据几何光学和三角测量原理，同时测定距离和高差的方法。

最简单的视距装置是测量仪器（如经纬仪、水准仪）的望远镜十字丝分划板上刻制上、下对称的两条短线，如图2.37所示，称视距丝。视距测量中的视距尺可用普通水准尺，也可用专用视距尺。

普通视距测量的精度一般为1/200～1/300，精密视距测量可达1/2000。

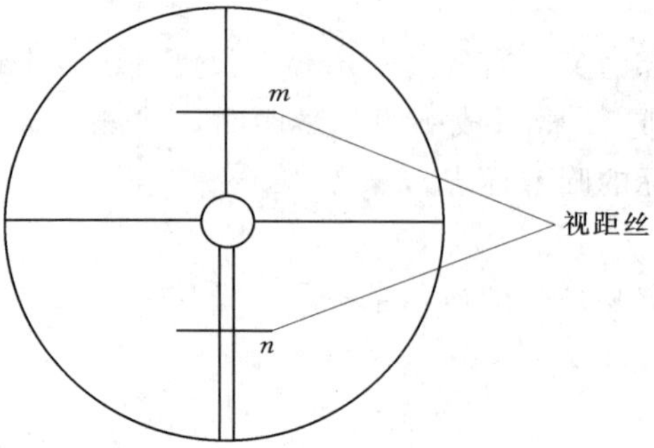

图 2.37　视距丝示意图

但由于操作简便，不受地形起伏限制，可同时测定距离和高差，被广泛用于测距精度要求不高的地形测量中。特别是碎部和图根的加密。

5.2.2　视距测量的计算公式

1. 视线水平时的视距公式

如图 2.38 所示，上丝在标尺上的读数为 a，下丝在标尺上的读数为 b，l 是上、下十字丝在水准尺上的读数差，称为视距间隔 $l(l=a-b)$，则水平距离 D 有：

$$D=Kl+C \tag{2.17}$$

式中　K——视距乘常数，一般设计为 100；

C——视距加常数，其值很小，可视为 0。

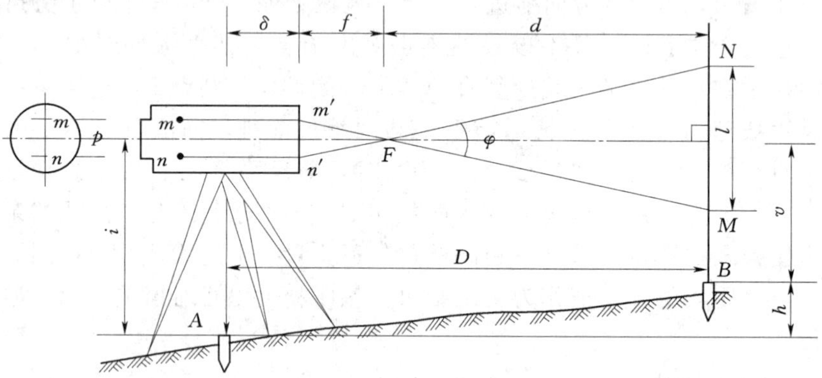

图 2.38　视距测量原理图

所以 $D=Kl=100l$。

测站点到立尺点的高差为

$$h=i-v \tag{2.18}$$

式中　i——仪器高，是桩顶到仪器水平轴的高度；

v——中丝在标尺上的读数。

2. 视线倾斜时的视距公式

视线倾斜时的视距测量原理如图 2.39 所示。

倾斜距离 L 为

$$L=Kl'=Kl\cos\alpha \tag{2.19}$$

水平距离 D 为

$$D=L\cos\alpha=Kl\cos^2\alpha \tag{2.20}$$

高差 h 为

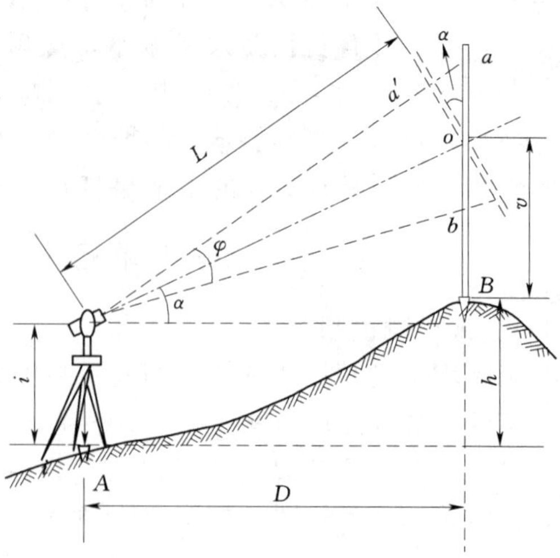

图 2.39　视线倾斜时的视距测量原理图

$$h = D\tan\alpha + i - v \tag{2.21}$$

$$h = \frac{1}{2}Kl\sin 2\alpha + i - v \tag{2.22}$$

式中 α——竖直角。

5.2.3 视距测量误差来源

1. 视距尺分划误差

视距尺分划误差一般为±0.5mm，引起距离误差为 $m_d = K(\sqrt{2}\times 0.5) = 0.071\text{m}$。

2. 乘常数 K 值的误差

K 值应在 100±0.1 之内，否则应该改正。

3. 竖直角测量误差

4. 视距丝读数误差

视距丝读数误差是影响视距测量精度的重要因素，它与视距成正比，视距越远误差越大。因此，视距测量中要根据测图对精度的要求限制最远视距。

5. 外界气象条件对视距测量的影响

(1) 大气折光。视线穿过大气时会产生折射，其光程由直线变成曲线，造成误差，由于视线靠近地面时折光大，所以规定视线应高出地面 1m 以上。

(2) 大气湍流的影响。空气的湍流使视距成像不稳定，造成视距误差。此外风和大气能见度对视距也会产生影响。

学习单元 5.3 电磁波测距仪

5.3.1 电磁波测距原理及分类

电磁波测距仪是用电磁波（光波或微波）作为载波传输测距信号以测量两点间距离的一种方法。其原理如图 2.40 所示。

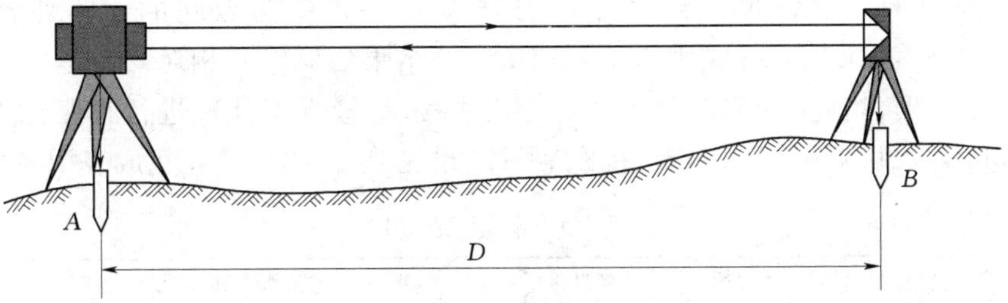

图 2.40 光电测距原理

欲测定 A、B 两点间的距离 D，可在 A 点安置能发射和接收光波的光电测距仪，在 B 点设置反射棱镜，光电测距仪发出的光束经棱镜反射后，又返回到测距仪。通过测定光波在 AB 之间传播的时间 t，根据光波在大气中的传播速度 c，按式 (2.23) 计算距离 D

$$D = \frac{1}{2}ct \tag{2.23}$$

电磁波测距按测程来分，有短程（<3km）、中程（3～15km）和远程（>15km）之分。按测距精度来分，有Ⅰ级（5mm）、Ⅱ级（5mm～10mm）和Ⅲ级（>10mm）。按载波来分，采用微波段的电磁波作为载波的称为微波测距仪；采用光波作为裁波的称为光电测距仪。

5.3.2　全站仪距离测量操作

（1）设置棱镜常数。测距前须将棱镜常数输入仪器中，仪器会自动对所测距离进行改正。一般棱镜的说明上都有棱镜常数，如果没有的话可以通过实测的方法来确定，比如在地上定两个点用仪器测出距离再用尺拉距离看是否相等，相等的话棱镜常数就是 0，如果测量的距离比实际距离小 30mm 就是＋30，反之就是－30。

（2）设置大气改正值或气温、气压值。光在大气中的传播速度会随大气的温度和气压而变化，15℃和 760mmHg 是仪器设置的一个标准值，此时的大气改正为 0ppm。实测时，可输入温度和气压值，全站仪会自动计算大气改正值（也可直接输入大气改正值），并对测距结果进行改正。

（3）量仪器高、棱镜高并输入全站仪。

（4）距离测量。照准目标棱镜中心，按测距键，距离测量开始，测距完成时显示斜距、平距、高差。全站仪的测距模式有精测模式、跟踪模式、粗测模式三种。精测模式是最常用的测距模式，测量时间约 2.5s，最小显示单位 1mm；跟踪模式，常用于跟踪移动目标或放样时连续测距，最小显示一般为 1cm，每次测距时间约 0.3s；粗测模式，测量时间约 0.7s，最小显示单位 1cm 或 1mm。在距离测量或坐标测量时，可按测距模式（MODE）键选择不同的测距模式。

应注意，有些型号的全站仪在距离测量时不能设定仪器高和棱镜高，显示的高差值是全站仪横轴中心与棱镜中心的高差。

练　　习

1. 测量上常用的测距方法有哪几种？

2. 在平坦地面，用钢尺一般量距的方法丈量 A、B 两点间的水平距离，往测为 210.251m，返测为 210.243m，则水平距离 D_{AB} 的结果如何？其相对误差是多少？

3. 用竖盘顺时针注记的光学经纬仪（竖盘指标差忽略不计）进行视距测量，测站点高程 H_A＝56.87，仪器高 i＝1.45，视距测量结果见表 2.13，计算完成表中各项。

表 2.13　　视 距 测 量 结 果

点号	上、下丝读数 (m)	中　丝 (m)	竖盘读数 (° ′)	竖直角 (° ′)	水平距离 (m)	高　差 (m)	高　程 (m)
1	2.154 1.745	1.95	92 54				
2	1.987 1.256	1.60	90 24				
3	2.486 1.763	2.10	88 42				
4	0.985 0.489	0.70	85 30				

4. 电磁波测距原理是什么？

学习情景6　平面控制测量成果整理

学习单元6.1　基本知识和公式

6.1.1　直线定向

确定地面上两点之间的相对位置，除了需要测定两点之间的水平距离外，还需确定两点所连直线的方向。一条直线的方向，是根据某一标准方向来确定的。确定直线与标准方向之间的关系，称为直线定向。

1. 方位角

测量工作中，常采用方位角表示直线的方向。从直线起点的标准方向北端起，顺时针方向量至该直线的水平夹角，称为该直线的方位角。方位角取值范围是0°～360°。因标准方向有真子午线方向、磁子午线方向和坐标纵轴方向之分，对应的方位角分别称为真方位角（用A表示）、磁方位角（用A_m表示）和坐标方位角（用α表示）。

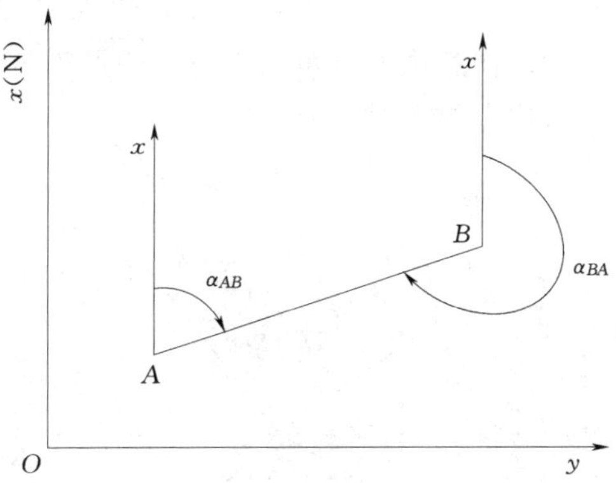

图2.41　正、反坐标方位角

坐标方位角：自坐标纵轴方向的北端顺时针转至某直线所形成的水平夹角称为坐标方位角。用α表示，α的范围为0°～360°。

α是一个有方向的量。以A为起点、B为终点的直线AB的坐标方位角α_{AB}，称为直线AB的坐标方位角。而直线BA的坐标方位角α_{BA}，称为直线AB的反坐标方位角。由图2.41中可以看出正、反坐标方位角间的关系为

$$\alpha_{AB}=\alpha_{BA}\pm180° \tag{2.24}$$

2. 坐标方位角的推算

在实际工作中并不需要测定每条直线的坐标方位角，而是通过与已知坐标方位角的直线连测后，推算出各直线的坐标方位角。如图2.42所示，已知直线12的坐标方位角α_{12}，观测了水平角β_2和β_3，要求推算直线23和直线34的坐标方位角。

（1）相邻边方位角的推算。由图2.42可以看出

$$\alpha_{23}=\alpha_{21}-\beta_2=\alpha_{12}\pm180°-\beta_2 \tag{2.25}$$

$$\alpha_{34}=\alpha_{32}+\beta_3=\alpha_{23}\pm180°+\beta_3 \tag{2.26}$$

因β_2在推算路线前进方向的右侧，该转折角称为右角；β_3在左侧，称为左角。从而可归纳出推算坐标方位角的一般公式为

$$\alpha_{前}=\alpha_{后}\pm\beta\pm180° \tag{2.27}$$

$\pm\beta$的符号为左角取“+”，右角取“－”；±180°的符号可任取，但最后α的值应根据结果通过加减$n\times360°$调整至0°～360°间。下面亦同。

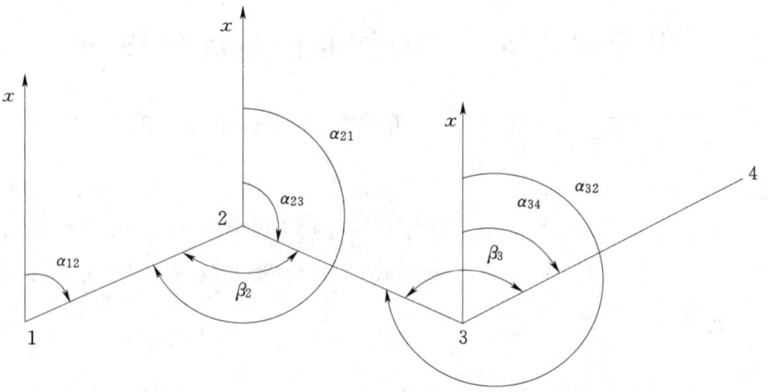

图 2.42　坐标方位角的推算

(2) 任意边方位角的推算。由图 2.42 和式 (2.27) 得出，当从一已知方位角边推算第 n 条边方位角时，有

$$\alpha_{终}=\alpha_{始}\pm\sum\beta\pm n\times180° \tag{2.28}$$

式中　n——待求方位角边至已知方位角边间隔的水平角 β 个数。

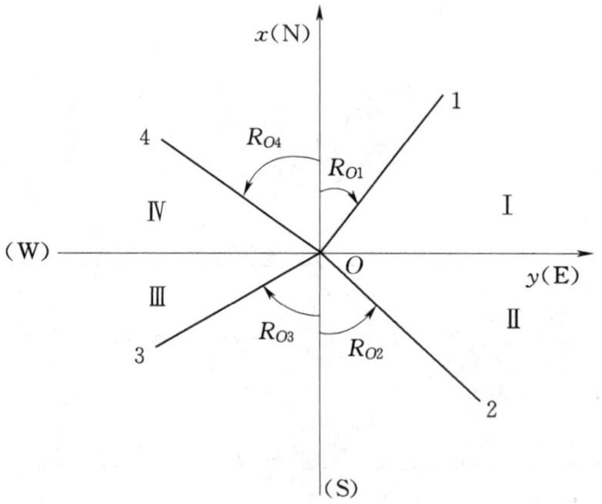

图 2.43　象限角

3. 象限角

由坐标纵轴的北端或南端起，沿顺时针或逆时针方向量至直线的锐角，称为该直线的象限角，用 R 表示，其角值范围为 0°～90°。如图 2.43 所示，直线 $O1$、$O2$、$O3$ 和 $O4$ 的象限角分别为北东 R_{O1}、南东 R_{O2}、南西 R_{O3} 和北西 R_{O4}。

由图 2.44 可以看出坐标方位角与象限角的换算关系

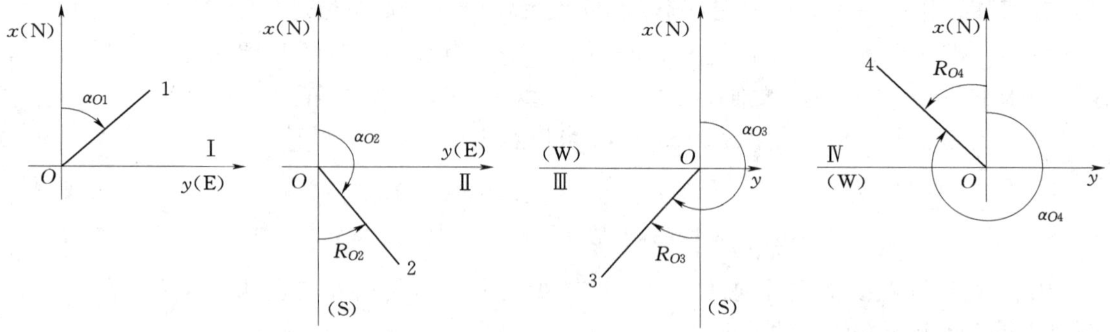

$\alpha_{O1}=R_{O1}$　　$\alpha_{O2}=180°-R_{O2}$　　$\alpha_{O3}=180°+R_{O3}$　　$\alpha_{O4}=360°-R_{O4}$

图 2.44　坐标方位角与象限角的换算关系

(1) 第Ⅰ象限，$R=\alpha$。

(2) 第Ⅱ象限，$R=180°-\alpha$。

(3) 第Ⅲ象限，$R=\alpha-180°$。

(4) 第Ⅳ象限，$R=360°-\alpha$。

6.1.2　坐标正反算

1. 坐标正算

根据直线起点的坐标、直线长度及其坐标方位角计算直线终点的坐标，称为坐标正算。如图2.45所示，已知直线AB起点A的坐标为（x_A，y_A），AB边的边长及坐标方位角分别为D_{AB}和α_{AB}，需计算直线终点B的坐标。

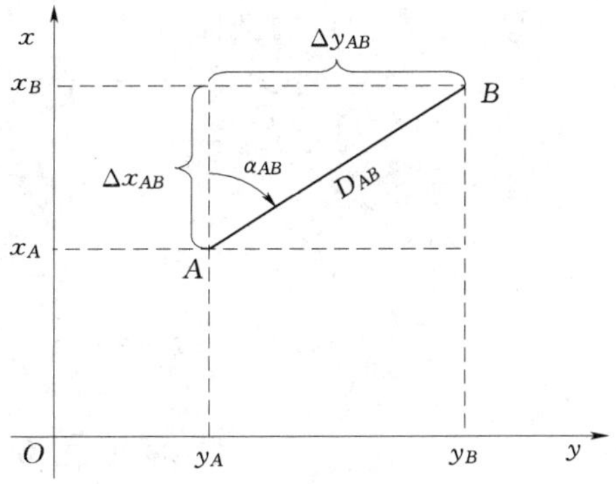

图2.45　坐标增量计算

直线两端点A、B的坐标值之差，称为坐标增量，用Δx_{AB}、Δy_{AB}表示。由图2.45可看出坐标增量的计算公式为

$$\left.\begin{aligned}\Delta x_{AB}=x_B-x_A=D_{AB}\cos\alpha_{AB}\\ \Delta y_{AB}=y_B-y_A=D_{AB}\sin\alpha_{AB}\end{aligned}\right\}\qquad(2.29)$$

计算坐标增量时，sin和cos函数值随着角α所在象限而有正负之分，因此算得的坐标增量同样具有正、负号。

则B点坐标的计算公式为

$$\left.\begin{aligned}x_B=x_A+\Delta x_{AB}=x_A+D_{AB}\cos\alpha_{AB}\\ y_B=y_A+\Delta y_{AB}=y_A+D_{AB}\sin\alpha_{AB}\end{aligned}\right\}\qquad(2.30)$$

2. 坐标反算

根据直线起点和终点的坐标，计算直线的边长和坐标方位角，称为坐标反算。如图2.45所示，已知直线AB两端点的坐标分别为（x_A，y_A）和（x_B，y_B），则直线边长D_{AB}和坐标方位角α_{AB}的计算公式为

$$D_{AB}=\sqrt{\Delta x_{AB}^2+\Delta y_{AB}^2}\qquad(2.31)$$

$$\alpha_{AB}=\arctan\frac{\Delta y_{AB}}{\Delta x_{AB}}\qquad(2.32)$$

应该注意的是坐标方位角的角值范围在0°～360°间，而反正切函数的角值范围在$-90°$～$+90°$间，两者是不一致的。按式（2.32）计算坐标方位角时，计算出的是象限角，因此，应根据坐标增量Δx、Δy的正、负号，按表2.14决定其所在象限，再把象限角换算成相应的坐标方位角。

表2.14　　象限角与坐标方位角换算表

象　限	坐标方位角α	Δx	Δy	α_{AB}
Ⅰ	0°～90°	+	+	$\arctan\frac{\Delta y_{AB}}{\Delta x_{AB}}$
Ⅱ	90°～180°	−	+	$\arctan\frac{\Delta y_{AB}}{\Delta x_{AB}}+180°$
Ⅲ	180°～270°	−	−	$\arctan\frac{\Delta y_{AB}}{\Delta x_{AB}}+180°$
Ⅳ	270°～360°	+	−	$\arctan\frac{\Delta y_{AB}}{\Delta x_{AB}}+360°$

【例 2.1】 已知 A、B 两点的坐标分别为 $x_A=342.99\text{m}$，$y_A=814.29\text{m}$，$x_B=304.50\text{m}$，$y_B=525.72\text{m}$ 试计算 AB 的边长及坐标方位角。

【解】

计算 A、B 两点的坐标增量

$$\Delta x_{AB}=x_B-x_A=304.50-342.99=-38.49\ (\text{m})$$

$$\Delta y_{AB}=y_B-y_A=525.72-814.29=-288.57\ (\text{m})$$

则边长和方位角为

$$D_{AB}=\sqrt{\Delta x_{AB}^2+\Delta y_{AB}^2}=291.13\ (\text{m})$$

$$\alpha_{AB}=\arctan\frac{\Delta y_{AB}}{\Delta x_{AB}}+180°=262°24'09''$$

学习单元 6.2 附合导线成果整理

导线测量内业计算的目的就是计算各导线点的平面坐标 x、y。

6.2.1 附合导线成果整理步骤

1. 准备工作

应先全面检查导线测量外业记录、数据是否齐全，有无记错、算错，成果是否符合精度要求，起算数据是否准确。然后绘制计算略图，将各项数据注在图上的相应位置。

由于导线观测值为水平角和边长，故误差主要是存在于这两项中。现分别对二者误差改正。

2. 角度闭合差的计算与调整

(1) 推算方位角。

如图 2.46 所示，根据起始边 AB 的坐标方位角 α_{AB} 及观测的各左角，按式 (2.33) 推算 EF 边的坐标方位角 α'_{EF}。

1) 若水平角为右角，按式 (2.33) 推算方位角；或按式 (2.34) 逐一推算各边至 EF 边。

$$\alpha_{终}=\alpha_{始}-\sum\beta_{右}\pm n\times180° \tag{2.33}$$

$$\alpha_{前}=\alpha_{后}-\beta_{右}\pm180° \tag{2.34}$$

$\pm180°$的符号可任取，但最后 α 的值应根据结果通过加减 $n\times360°$调整至 $0°\sim360°$间。下面亦同。

2) 若水平角为左角，则按式 (2.35) 算方位角；或按式 (2.36) 逐一推算各边至 EF 边。

$$\alpha_{终}=\alpha_{始}+\sum\beta_{左}\pm n\times180° \tag{2.35}$$

$$\alpha_{前}=\alpha_{后}+\beta_{左}\pm180° \tag{2.36}$$

(2) 计算角度闭合差。

$$f_\beta=\alpha'_{终}-\alpha_{终} \tag{2.37}$$

式中 $\alpha'_{终}$——用观测水平角推算的终边方位角；

$\alpha_{终}$——终边理论方位角。

(3) 角度闭合差分配。当角度闭合差在容许范围内，即 $|f_\beta|\leqslant|f_{\beta允}|$，将角度闭

合差反号平均分配到各水平观测角上

$$v_i = -\frac{f_\beta}{n} \tag{2.38}$$

计算检核：水平角改正数之和应与角度闭合差大小相等符号相反，即

$$\sum v_i = -f_\beta \tag{2.39}$$

图根导线角度闭合差为

$$f_{\beta允} = \pm 60''\sqrt{n} \tag{2.40}$$

式中　n——观测角个数。

(4) 对水平角度改正。

$$\hat{\beta}_i = \beta_i + v_i \tag{2.41}$$

3. 推算改正后的各边方位角

$$\hat{\alpha}_{前} = \hat{\alpha}_{后} \pm \hat{\beta} \pm 180° \tag{2.42}$$

$\hat{\beta}$前的符号左角取“+”，右角取“−”。

4. 坐标增量闭合差的计算和调整

(1) 理论坐标增量的计算。

$$\left.\begin{aligned} \sum \Delta x_{理} &= x_{终} - x_{始} \\ \sum \Delta y_{理} &= y_{终} - y_{始} \end{aligned}\right\} \tag{2.43}$$

(2) 由观测值推算坐标增量。

$$\left.\begin{aligned} \sum \Delta x_{测} &= \sum D_{ij} \cos\alpha_{ij} \\ \sum \Delta y_{测} &= \sum D_{ij} \sin\alpha_{ij} \end{aligned}\right\} \tag{2.44}$$

(3) 坐标增量闭合差的计算。由于导线边长测量误差和角度闭合差调整后的残余误差，使得实际计算所得的坐标增量与理论坐标增量不相等，从而产生纵坐标增量闭合差 w_x 和横坐标增量闭合差 w_y，即

$$\left.\begin{aligned} w_x &= \sum \Delta x_{测} - \sum \Delta x_{理} \\ w_y &= \sum \Delta y_{测} - \sum \Delta y_{理} \end{aligned}\right\} \tag{2.45}$$

由于坐标增量闭合差 w_x、w_y 的存在，使导线不能重合于终点，该不符之长度 w_s 称为导线全长闭合差，并用式 (2.46) 计算

$$w_s = \sqrt{w_x^2 + w_y^2} \tag{2.46}$$

仅从 w_s 值的大小还不能说明导线测量的精度，衡量导线测量的精度还应该考虑到导线的总长。将 w_s 与导线全长 $\sum D$ 相比，以分子为 1 的分数表示，称为导线全长相对闭合差 K，即

$$K = \frac{w_s}{\sum D} = \frac{1}{\frac{\sum D}{w_s}} \tag{2.47}$$

以导线全长相对闭合差 K 来衡量导线测量的精度，K 的分母越大，精度越高。不同等级的导线，其导线全长相对闭合差的容许值不同，图根导线的 $K_{允}$ 为 1/2000。

如果 $K > K_{允}$，说明成果不合格，此时应对导线的内业计算和外业工作进行检查，必

要时需重测。

如果 $K\leqslant K_{允}$，说明测量成果符合精度要求，可以进行调整。

(4) 调整坐标增量闭合差。调整的原则是将 w_x、w_y 反号，并按与边长成正比的原则，分配到各边对应的纵、横坐标增量中去。以 v_{xi}、v_{yi} 分别表示第 i 边的纵、横坐标增量改正数，即

$$\left.\begin{aligned}v_{x_i}&=-\frac{w_x}{\sum D}D_i\\v_{y_i}&=-\frac{w_y}{\sum D}D_i\end{aligned}\right\}\tag{2.48}$$

计算检核：纵、横坐标增量改正数之和应满足式 (2.49)

$$\left.\begin{aligned}\sum v_{x_i}&=-w_x\\\sum v_{y_i}&=-w_y\end{aligned}\right\}\tag{2.49}$$

(5) 计算改正后的坐标增量。

各边坐标增量计算值加上相应的改正数，即得各边的改正后的坐标增量。

$$\left.\begin{aligned}\Delta\hat{x}_i&=\Delta x_i+v_{x_i}\\\Delta\hat{y}_i&=\Delta y_i+v_{y_i}\end{aligned}\right\}\tag{2.50}$$

5. 计算各导线点的坐标

根据起始点的已知坐标和各边的改正后的方位角 $\hat{\alpha}$ 及边长推算各导线点坐标，然后在该坐标上加上改正后各导线点的坐标增量，依次推算出各导线点的坐标。

(1) 各导线点坐标推算。

$$\left.\begin{aligned}x_i&=x_{i-1}+D_{i-1,i}\cos\hat{\alpha}_{i-1,i}\\y_i&=y_{i-1}+D_{i-1,i}\sin\hat{\alpha}_{i-1,i}\end{aligned}\right\}\tag{2.51}$$

(2) 改正各导线点的坐标。

$$\left.\begin{aligned}\hat{x}_i&=x_i+v_{x_i}\\\hat{y}_i&=y_i+v_{y_i}\end{aligned}\right\}\tag{2.52}$$

或者直接通过 $i-1$ 点坐标计算 i 点的坐标

$$\left.\begin{aligned}\hat{x}_i&=x_{i-1}+\Delta\hat{x}_i\\\hat{y}_i&=y_{i-1}+\Delta\hat{y}_i\end{aligned}\right\}\tag{2.53}$$

检核计算：最后还应推算至附合导线终点的坐标，其值应与原有的已知值相等，以作为计算检核。

6.2.2 附合导线成果整理案例

【例 2.2】 图 2.46 为一图根导线，相关观测值及起算数据见图请计算各点定点的坐标。其中 $A(640.90，1068.74)$，$E(524.82，1597.43)$。

【解】

(1) 本例为水平左角，则有

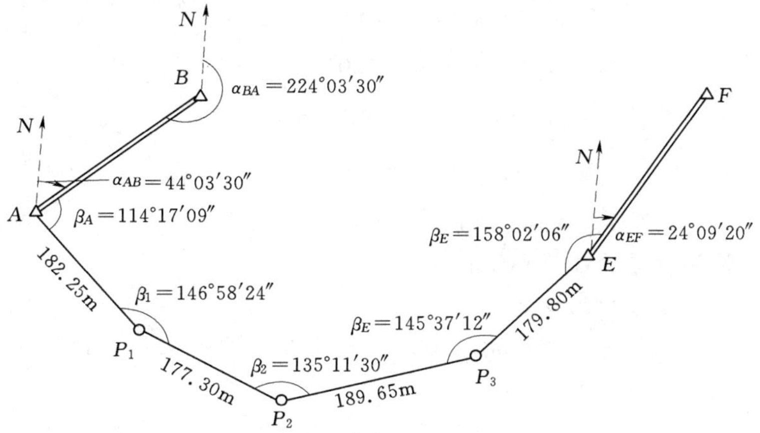

图 2.46　附合导线略图

$$\left.\begin{aligned}\alpha_{AP_1}&=\alpha_{BA}+\beta_A-180°\\ \alpha_{P_1P_2}&=\alpha_{AP_1}+\beta_1-180°\\ \alpha_{P_2P_3}&=\alpha_{P_1P_2}+\beta_2-180°\\ &\vdots\\ \alpha'_{EF}&=\alpha_{EF}+\beta_E-180°\end{aligned}\right\}$$

$$\alpha'_{EF}=\alpha_{BA}+\sum\beta_{左}-5\times180°=24°09'51''$$

故角度闭合差为

$$f_\beta=\alpha'_{EF}-\alpha_{EF}=+31''$$

$$f_{\beta允}=\pm60''\sqrt{n}=\pm60''\sqrt{5}=\pm134''$$

$$f_\beta\leqslant f_{\beta允}$$

故角度改正数为
$$v_i=-\frac{f_\beta}{n}=-6.2''$$

对图根导线而言，角度精确到秒即可，将计算的误差补足至边长较短的角度，即 β_1 上。

$$v_A=v_2=v_3=v_E=-6''$$
$$v_1=-7''$$

由式（2.41）可得

$$\hat{\beta}_A=\beta_A+v_A=114°17'03''$$

$$\hat{\beta}_1=\beta_1+v_1=146°58'17''$$

$$\hat{\beta}_2=\beta_2+v_2=135°11'24''$$

$$\hat{\beta}_3=\beta_3+v_3=145°37'06''$$

$$\hat{\beta}_E=\beta_E+v_E=158°02'00''$$

（2）各边改正后的方位角。

由式（2.42）可得

$$\hat{\alpha}_{AP_1}=\alpha_{BA}+\hat{\beta}_A-180°=158°20'33''$$

$$\hat{\alpha}_{P_1P_2}=\hat{\alpha}_{AP_1}+\hat{\beta}_1-180°=125°18'50''$$

$$\hat{\alpha}_{P_2P_3}=\hat{\alpha}_{P_1P_2}+\hat{\beta}_2-180°=80°30'14''$$

$$\hat{\alpha}_{P_3E}=\hat{\alpha}_{P_2P_3}+\hat{\beta}_3-180°=46°07'20''$$

检核：

$$\hat{\alpha}_{EF}=\hat{\alpha}_{P_3E}+\hat{\beta}_E-180°=24°09'20''=\alpha_{已知}$$

（3）坐标增量闭合差的计算和调整。

$$\sum\Delta x_{测}=\sum D_{ij}\cos\alpha_{ij}$$
$$=-169.38-102.49+31.29+124.62=-115.96\ (\text{m})$$

$$\sum\Delta y_{测}=\sum D_{ij}\sin\alpha_{ij}$$
$$=67.26+144.68+187.05+129.60=528.59\ (\text{m})$$

$$\sum\Delta x_{理}=x_{终}-x_{始}$$

$$\sum\Delta y_{理}=y_{终}-y_{始}$$

$$\sum\Delta x_{理}=x_E-x_A=-116.08\ (\text{m})$$

$$\sum\Delta y_{理}=y_E-y_A=528.69\ (\text{m})$$

$$w_x=\sum\Delta x_{测}-\sum\Delta x_{理}=+0.12\ (\text{m})$$

$$w_y=\sum\Delta y_{测}-\sum\Delta y_{理}=-0.10\ (\text{m})$$

$$w_S=\sqrt{w_x^2+w_y^2}=0.16\ (\text{m})$$

$$K=\frac{w_s}{\sum D}=\frac{1}{\frac{\sum D}{w_s}}=\frac{0.16}{72890}\approx\frac{1}{4556}<K_{允}$$

由式（2.48）可得

$$v_{x1}=-\frac{-0.12}{72890}\times 182.250=-0.03\ (\text{m})$$

$$v_{x2}=-\frac{-0.12}{72890}\times 177.30=-0.03\ (\text{m})$$

$$v_{x3}=-\frac{-0.12}{72890}\times 189.65=-0.03\ (\text{m})$$

$$v_{x_E}=-\frac{-0.12}{72890}\times 179.80=-0.03\ (\text{m})$$

$$v_{y_1}=-\frac{-0.10}{72890}\times 182.25=0.03\ (\text{m})$$

$$v_{y_2}=-\frac{-0.10}{72890}\times 177.30=0.02\ (\text{m})$$

$$v_{y_3}=-\frac{-0.10}{72890}\times 189.65=0.03\ (\text{m})$$

$$v_{y_E}=-\frac{-0.10}{72890}\times 179.80=0.02\ (\text{m})$$

（4）计算改正后的坐标增量。

由式（2.50）可得

$$\Delta\hat{x}_{AP_1}=\Delta x_{AP_1}+v_{x1}=D_{AP_1}\cos\hat{\alpha}_{AP_1}+v_{x1}=-169.41\ (\text{m})$$

$$\Delta\hat{y}_{AP_1}=\Delta y_{AP_1}+v_{y1}=D_{AP_1}\sin\hat{\alpha}_{AP_1}+v_{y1}=67.29\ (\text{m})$$

同理可得

$$\Delta\hat{x}_{P_1P_2}=-102.52\ (\text{m})$$
$$\Delta\hat{y}_{P_1P_2}=144.70\ (\text{m})$$
$$\Delta\hat{x}_{P_2P_3}=31.26\ (\text{m})$$
$$\Delta\hat{y}_{P_2P_3}=187.08\ (\text{m})$$
$$\Delta\hat{x}_{P_3P_E}=124.59\ (\text{m})$$
$$\Delta\hat{y}_{P_3E}=129.62\ (\text{m})$$

（5）计算各导线点的坐标。

由式（2.53）可得

$$\hat{x}_{P_1}=x_A+\Delta\hat{x}_{AP_1}=640.90-169.41=471.49\ (\text{m})$$
$$\hat{y}_{P_1}=y_A+\Delta\hat{y}_{AP_1}=1068.74+67.29=1136.03\ (\text{m})$$

同理可得

$$\hat{x}_{P_2}=368.97\ (\text{m})$$
$$\hat{y}_{P_2}=1280.73\ (\text{m})$$
$$\hat{x}_{P_3}=400.23\ (\text{m})$$
$$\hat{y}_{P_3}=1467.81\ (\text{m})$$

检核：
$$\hat{x}_E=524.82\ (\text{m})$$
$$\hat{y}_E=1597.43\ (\text{m})$$

附合导线计算见表2.15。

表2.15　　附合导线计算表

测站	角度观测值 (° ′ ″)	改正数 (″)	改正后角值 (° ′ ″)	方位角 α (° ′ ″)	边长 d (m)	坐标增量计算值（改正数）(m)		改正数后坐标增量 (m)		坐标值 (m)	
						$\Delta x'$	$\Delta y'$	Δx	Δy	x	y
1	2	3	4	5	6	7		8		9	
B											
				224 03 30							
A	114 17 09	−06	114 17 03							640.90	1068.74
				158 20 33	182.25	−169.38 (−0.03)	+6.26 (+0.03)	−169.41	+67.29		
P_1	146 58 24	−07	146 58 17							471.49	1136.03
				125 18 60	177.30	−102.49 (−0.03)	+144.68 (+0.02)	−102.52	+144.70		
P_2	135 11 30	−06	135 11 24							368.97	1280.73
				80 30 14	189.65	+31.29 (−0.03)	+187.05 (+0.03)	+31.26	+187.08		
P_3	145 37 12	−06	145 37 06							400.23	1467.81
				46 07 20	179.80	+124.62 (−0.03)	+129.60 (+0.02)	+124.62	+129.62		
E	158 02 06	−06	158 02 00							524.82	1597.43
				24 09 20							
F											
计算	$f_\beta=+31''$　$\sum_d=728.90\text{m}$　$f_x=+0.12\text{m}$　$f_y=-0.10\text{m}$ $f_{\beta允}=\pm60''\sqrt{5}\pm134''$　$f=\sqrt{f_x^2+f_y^2}=0.16\text{m}$　$K=\frac{f}{\sum d}=\frac{1}{4556}<\frac{1}{2000}$										

学习单元6.3　闭合导线成果整理

6.3.1　闭合导线成果整理步骤

闭合导线的坐标计算与附合导线的坐标计算基本相同，仅在角度闭合差的计算与坐标增量闭合差的计算方面稍有差别，其程序如下。

1. 准备工作

检查外业数据有无错误遗漏，收集计算数据。

2. 角度闭合差的计算与调整

(1) 计算角度闭合差。n 边形闭合导线内角和的理论值为

$$\sum\beta_{理}=(n-2)\times 180^{\circ} \tag{2.54}$$

式中　n——导线边数或转折角数。

n 边形闭合导线内角和的观测值为

$$\sum\beta_{测}=\beta_1+\beta_2+\cdots+\beta_n \tag{2.55}$$

式中　β_i——转折角观测值。

由于观测水平角不可避免的含有误差，而使实测的内角之和$\sum\beta_{测}$不等于理论值$\sum\beta_{理}$，两者之差，称为角度闭合差，用 f_β 表示，即

$$f_\beta=\sum\beta_{测}-\sum\beta_{理} \tag{2.56}$$

(2) 计算角度闭合差的允许值。角度闭合差的大小反映了水平角观测的质量。图根导线角度闭合差为

$$f_{\beta允}=\pm 60''\sqrt{n} \tag{2.57}$$

式中　n——观测角个数。

(3) 角度闭合差分配。当角度闭合差在允许范围内，即 $|f_\beta|\leqslant|f_{\beta允}|$，将角度闭合差反号平均分配到各水平观测角上

$$v_i=-\frac{f_\beta}{n} \tag{2.58}$$

计算检核：水平角改正数之和应与角度闭合差大小相等符号相反，即

$$\sum v_i=-f_\beta \tag{2.59}$$

(4) 对水平角度改正。

$$\hat{\beta}_i=\beta_i+v_i \tag{2.60}$$

3. 推算改正后的各边方位角

$$\hat{\alpha}_{前}=\hat{\alpha}_{后}\pm\hat{\beta}\pm 180^{\circ} \tag{2.61}$$

$\hat{\beta}$前的符号左角取"+"，右角取"−"。

4. 坐标增量闭合差的计算和调整

(1) 理论坐标增量的计算。由于闭合导线起点和终点重合，故

$$\left.\begin{aligned}\sum\Delta x_{理}=x_{终}-x_{始}=0\\ \sum\Delta y_{理}=y_{终}-y_{始}=0\end{aligned}\right\} \tag{2.62}$$

(2) 由观测值推算坐标增量。

$$\left.\begin{aligned}\sum\Delta x_{测} &= \sum D_{ij}\cos\alpha_{ij}\\ \sum\Delta y_{测} &= \sum D_{ij}\sin\alpha_{ij}\end{aligned}\right\} \tag{2.63}$$

（3）坐标增量闭合差的计算。纵坐标增量闭合差 w_x 和横坐标增量闭合差 w_y，即

$$\left.\begin{aligned}w_x &= \sum\Delta x_{测} - \sum\Delta x_{理} = \sum\Delta x_{测}\\ w_y &= \sum\Delta y_{测} - \sum\Delta y_{理} = \sum\Delta y_{测}\end{aligned}\right\} \tag{2.64}$$

计算导线全长闭合差

$$w_s = \sqrt{w_x^2 + w_y^2} \tag{2.65}$$

计算导线全长相对闭合差 K，即

$$K = \frac{w_s}{\sum D} = \frac{1}{\dfrac{\sum D}{w_s}} \tag{2.66}$$

图根导线的 $K_{允}$ 为 1/2000。

如果 $K > K_{允}$，说明成果不合格，此时应对导线的内业计算和外业工作进行检查，必要时需重测。

如果 $K \leqslant K_{允}$，说明测量成果符合精度要求，可以进行调整。

（4）调整坐标标增量闭合差。将 w_x、w_y 反号，并按与边长成正比的原则，分配到各边对应的纵、横坐标增量中去。以 v_{xi}、v_{yi} 分别表示第 i 边的纵、横坐标增量改正数，即

$$\left.\begin{aligned}v_{x_i} &= -\frac{w_x}{\sum D}D_i\\ v_{y_i} &= -\frac{w_y}{\sum D}D_i\end{aligned}\right\} \tag{2.67}$$

计算检核：纵、横坐标增量改正数之和应满足式（2.68）

$$\left.\begin{aligned}\sum v_{x_i} &= -w_x\\ \sum v_{y_i} &= -w_y\end{aligned}\right\} \tag{2.68}$$

（5）计算改正后的坐标增量。各边坐标增量计算值加上相应的改正数，即得各边的改正后的坐标增量。

$$\left.\begin{aligned}\Delta\hat{x}_i &= \Delta x_i + v_{x_i}\\ \Delta\hat{y}_i &= \Delta y_i + v_{y_i}\end{aligned}\right\} \tag{2.69}$$

5. 计算各导线点的坐标

根据起始点的已知坐标和各边的改正后的方位角 $\hat{\alpha}$ 及边长推算各导线点坐标，然后在该坐标上加上改正后各导线点的坐标增量，依次推算出各导线点的坐标。

通过 $i-1$ 点坐标计算 i 点的坐标

$$\left.\begin{aligned}\hat{x}_i &= x_{i-1} + \Delta\hat{x}_i\\ \hat{y}_i &= y_{i-1} + \Delta\hat{y}_i\end{aligned}\right\} \tag{2.70}$$

检核计算：最后还应推算至闭合导线终点已知点的坐标，其值应与原有的已知值相等，以作为计算检核。

6.3.2　闭合导线成果整理案例

【例 2.3】　图 2.47 闭合导线，其观测值和起算数据见图。请计算 2、3、4、5 导线点的坐标。

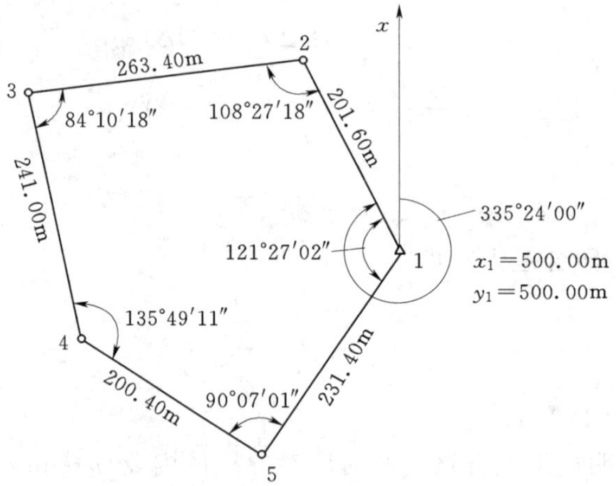

图 2.47　闭合导线略图

【解】

(1) 计算角度闭合差。

$$\sum\beta_{理}=(n-2)\times180°=540°$$

$$\sum\beta_{测}=\beta_1+\beta_2+\cdots+\beta_n$$

$$=121°27'02''+108°27'18''+\cdots+90°07'01''$$

$$=540°00'50''$$

$$f_\beta=\sum\beta_{测}-\sum\beta_{理}=50''$$

而

$$f_{\beta允}=\pm60''\sqrt{n}=\pm60''\sqrt{5}=\pm134''$$

即

$$f_\beta<f_{\beta允}$$

分配角度闭合差

$$v_i=\frac{-f_\beta}{n}=\frac{-50''}{5}=-10''$$

检核：

$$\sum v_i=-f_\beta=-50''$$

对水平角度改正

$$\hat{\beta}_1=\beta_1+v_1=121°27'02''-10''=121°26'52''$$

$$\hat{\beta}_2=\beta_2+v_{2=}108°27'18''-10''=108°27'08''$$

$$\hat{\beta}_3=\beta_3+v_3=84°10'18''-10''=84°10'08''$$

$$\hat{\beta}_4=\beta_4+v_4=135°49'11''-10''=135°49'01''$$

$$\hat{\beta}_5=\beta_5+v_5=90°07'01''-10''=90°06'51''$$

检核：

$$\sum\hat{\beta}_i=540°=\sum\beta_{理}$$

(2) 推算改正后的各边方位角。

由式 (2.61) 可得

$$\hat{\alpha}_{23}=\hat{\alpha}_{12}+\hat{\beta}_2-180^\circ=335^\circ24'00''+108^\circ27'08''-180^\circ=263^\circ51'08''$$

$$\hat{\alpha}_{34}=\hat{\alpha}_{23}+\hat{\beta}_3-180^\circ=263^\circ51'08''+84^\circ10'08''-180^\circ=168^\circ01'16''$$

$$\hat{\alpha}_{45}=\hat{\alpha}_{34}+\hat{\beta}_4-180^\circ=168^\circ01'16''+135^\circ49'01''-180^\circ=123^\circ50'17''$$

$$\hat{\alpha}_{51}=\hat{\alpha}_{45}+\hat{\beta}_5-180^\circ=123^\circ50'17''+90^\circ06'51''-180^\circ=33^\circ57'08''$$

检核：

$$\hat{\alpha}_{12}=\hat{\alpha}_{51}+\hat{\beta}_1-180^\circ=335^\circ24'00''=\alpha_{12}\text{（已知）}$$

（3）坐标增量闭合差的计算和调整。

由式（2.64）可得

$$w_x=\sum\Delta x_{测}=\sum D_{ij}\cos\alpha_{ij}=-0.30\text{（m）}$$

$$w_y=\sum\Delta y_{测}=\sum D_{ij}\sin\alpha_{ij}=-0.09\text{（m）}$$

$$w_s=\sqrt{w_x^2+w_y^2}=0.31\text{（m）}$$

$$K=\frac{w_s}{\sum D}=\frac{1}{\frac{\sum D}{w_s}}=\frac{0.31}{1137.80}\approx\frac{1}{3600}<K_{允}$$

由式（2.67）可得

$$v_{x2}=-\frac{-0.30}{1137.80}\times201.60=0.05\text{（m）}$$

$$v_{x3}=-\frac{-0.30}{1137.80}\times263.40=0.07\text{（m）}$$

$$v_{x4}=-\frac{-0.30}{1137.80}\times241.00=0.07\text{（m）}$$

$$v_{x5}=-\frac{-0.30}{1137.80}\times200.40=0.05\text{（m）}$$

$$v_{x1}=-\frac{-0.30}{1137.80}\times231.40=0.06\text{（m）}$$

$$v_{y2}=-\frac{-0.09}{1137.80}\times201.60=0.02\text{（m）}$$

$$v_{y3}=-\frac{-0.09}{1137.80}\times263.40=0.02\text{（m）}$$

$$v_{y4}=-\frac{-0.09}{1137.80}\times241.00=0.02\text{（m）}$$

$$v_{y5}=-\frac{-0.09}{1137.80}\times200.40=0.01\text{（m）}$$

$$v_{y1}=-\frac{-0.09}{1137.80}\times231.40=0.02\text{（m）}$$

（4）计算改正后的坐标增量。

由式（2.69）可得

$$\Delta\hat{x}_{12}=\Delta x_{12}+v_{x2}=D_{12}\cos\alpha_{12}+v_{x_2}=183.35\text{（m）}$$

$$\Delta\hat{y}_{12}=\Delta y_{12}+v_{y2}=D_{12}\sin\alpha_{12}+v_{y_2}=-83.90\text{（m）}$$

同理可得

$$\Delta\hat{x}_{23}=\Delta x_{23}+v_{x3}=D_{23}\cos\alpha_{23}+v_{x3}=-28.14\ (\mathrm{m})$$

$$\Delta\hat{y}_{23}=\Delta y_{23}+v_{y3}=D_{23}\sin\alpha_{23}+v_{y_3}=-261.87\ (\mathrm{m})$$

$$\Delta\hat{x}_{34}=-235.68\ (\mathrm{m})$$

$$\Delta\hat{y}_{34}=50.04\ (\mathrm{m})$$

$$\Delta\hat{x}_{45}=-111.54\ (\mathrm{m})$$

$$\Delta\hat{y}_{45}=166.47\ (\mathrm{m})$$

$$\Delta\hat{x}_{51}=192.01\ (\mathrm{m})$$

$$\Delta\hat{y}_{51}=129.26\ (\mathrm{m})$$

（5）计算各导线点的坐标。

由式（2.70）可得

$$\hat{x}_2=x_1+\Delta\hat{x}_{12}=500.00+183.35=683.35\ (\mathrm{m})$$

$$\hat{y}_2=y_1+\Delta\hat{y}_{12}=500.00-83.90=416.10\ (\mathrm{m})$$

同理

$$\hat{x}_3=x_2+\Delta\hat{x}_{23}=683.35-28.14=655.21\ (\mathrm{m})$$

$$\hat{y}_3=y_2+\Delta\hat{y}_{23}=416.10-261.87=154.23\ (\mathrm{m})$$

$$\hat{x}_4=x_3+\Delta\hat{x}_{34}=655.21-235.68=419.53\ (\mathrm{m})$$

$$\hat{y}_4=y_3+\Delta\hat{y}_{34}=154.23+50.04=204.27\ (\mathrm{m})$$

$$\hat{x}_5=x_4+\Delta\hat{x}_{45}=419.53-111.54=307.99\ (\mathrm{m})$$

$$\hat{y}_5=y_4+\Delta\hat{y}_{45}=204.27+166.47=370.74\ (\mathrm{m})$$

检核：

$$\hat{x}_1=x_5+\Delta\hat{x}_{51}=307.99+192.01=500.00\ (\mathrm{m})$$

$$\hat{y}_1=y_5+\Delta\hat{y}_{51}=370.74+129.26=500.00\ (\mathrm{m})$$

闭合导线计算表见表2.16。

表2.16　　闭合导线计算表

点号	观测角（左角）	改正数 ″	改正角	坐标方位角 α	距离 D（m）	增量计算值		改正后增量		坐标值	
						Δx（m）	Δy（m）	Δx（m）	Δy（m）	x（m）	y（m）
1										500.00	500.00
				335°24′00″	201.60	+5 +183.30	+2 −83.92	+183.35	−83.90		
2	108°27′18″	−10″	108°27′08″							683.35	416.10
				263°51′08″	263.40	+7 −28.21	+2 261.89	−28.14	−261.87		
3	84°10′18″	−10″	84°10′08″							655.21	154.23
				168°01′16″	241.00	+7 −235.75	+2 +50.02	−235.68	+50.04		
4	135°49′11″	−10″	135°49′01″							419.53	204.27
				123°50′17″	200.40	+5 −111.59	+1 +166.46	−111.54	+166.47		
5	90°07′01″	−10″	90°06′51″							307.99	370.74
				33°57′08″	231.40	+6 +191.95	+2 +129.24	+192.01	+129.26		
1	121°27′02″	−10″	121°26′52″							500.00	500.00
				335°24′00″							
2											

续表

点号	观测角（左角）	改正数 ″	改正角	坐标方位角 α	距离 D （m）	增量计算值		改正后增量		坐标值	
						Δx（m）	Δy（m）	Δx（m）	Δy（m）	x（m）	y（m）
Σ	540°00′50″	−50″	540°00′00″		1137.80	−0.30	−0.90	0	0		
辅助计算	$\sum\beta_{测}=540°00'50''$　　$\sum\beta_{理}=540°00'00''$ $f_\beta=50''$　　$f_\beta<f_{\beta允}$ $w_x=\sum\Delta x_{测}=\sum D_{ij}\cos\alpha_{ij}=-0.30$（m） $w_y=\sum\Delta y_{测}=\sum D_{ij}\sin\alpha_{ij}=-0.09$（m） $w_S=\sqrt{w_x^2+w_y^2}=0.31$（m） $K=\frac{w_s}{\sum D}=\frac{1}{\frac{\sum D}{w_s}}=\frac{0.31}{1137.80}\approx\frac{1}{3600}<K_{允}$										

学习单元6.4　支导线成果整理

支导线中没有检核条件，因此没有闭合差产生，导线转折角和计算的坐标增量均不需要进行改正。支导线的计算步骤为：

（1）根据观测的转折角推算各边的坐标方位角。

（2）根据各边坐标方位角和边长计算坐标增量。

（3）根据各边的坐标增量推算各点的坐标。

练　　习

1. 什么叫直线定向？为什么要进行直线定向？

2. 测量上作为定向依据的标准方向有几种？

3. 什么叫方位角？方位角有几种？它们之间的关系是什么？

4. 某直线的磁方位角为120°17′，而该处的磁偏角为东偏13°30′，问该直线的真方位角为多少？

5. 已知A点的坐标为A(1745.20，5485.37)，AB边的边长为$D_{AB}=194.02$m，AB边的方位角为$\alpha_{AB}=139°20'$，试计算B点的坐标。

6. 已知A点的坐标为A(2485.70，5634.68)，B点的坐标为B(2335.70，5484.68)，试求AB边的边长D_{AB}和方位角α_{AB}。

7. 如图2.48所示，根据下面已知数据和观测数据进行附合导线的计算。

已知数据：$\alpha_{AB}=167°32'00''$，$\alpha_{CD}=319°03'00''$，

$x_B=200.00$m，$y_B=300.00$m，

$x_C=241.28$m，$y_C=307.80$m。

导线观测左角：$\angle B=178°23'42''$，$\angle 1=53°45'06''$，$\angle 2=92°47'24''$，$\angle C=186°35'12''$。

测量边长：$D_{B1}=93.56$m，$D_{12}=87.42$m，$D_{2C}=95.93$m。

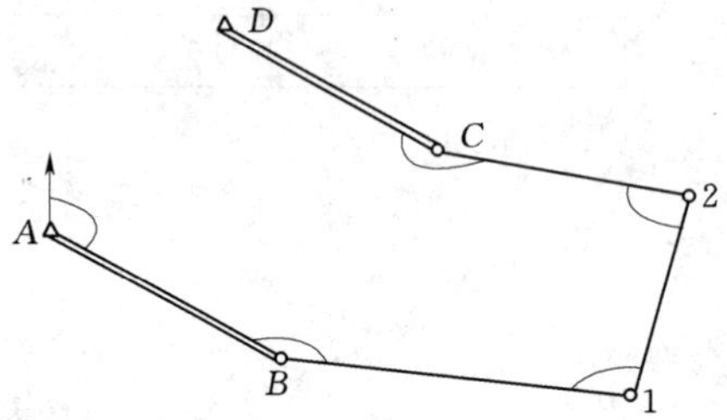

图 2.48

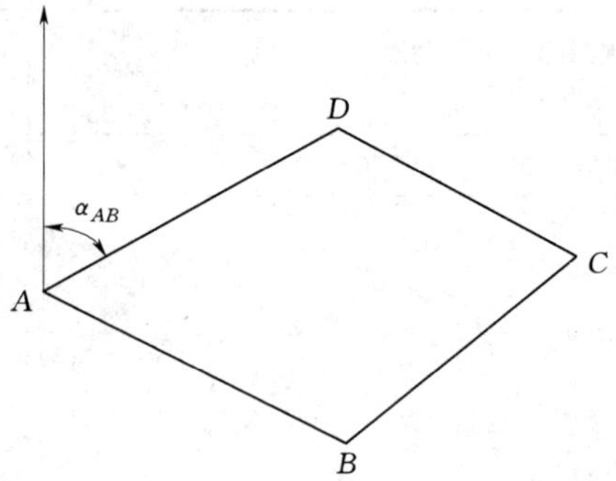

图 2.49

8. 根据图 2.49 所注数据，进行闭合导线的计算。

已知数据和观数据：$\alpha_{AB}=42°32'00''$，$x_A=500.00$m，$y_A=500.00$m，

$\angle A=89°15'12''$，$\angle B=75°56'00''$，

$\angle C=107°19'32''$，$\angle D=87°30'12''$。

测量边长：$D_{AB}=299.31$m，$D_{BC}=232.40$m，$D_{CD}=239.92$m，$D_{DA}=239.19$m。

9. 附合导线计算与闭合导线计算有哪些异同点？

工作任务3 测量数据精度评定

学习情景1 精度评定基本知识

学习单元1.1 测量误差的来源及其分类

1.1.1 测量误差的概念及来源

任何观测量，客观上总是存在一个能反映其真正大小的数值，这个数值称为观测量的真值或理论值。但在测量时，同一个量的各观测值之间，或在各观测值与其理论值之间普遍存在差异，这是由于观测值中包含有观测误差的缘故。若用 L 表示观测值，X 表示真值，则观测误差 Δ 的定义为

$$\Delta = L - X$$

测量误差的产生，原因很多，概括起来有以下三个方面。

1. 观测者

由于观测者感觉器官鉴别能力有一定的局限性，所以在仪器安置、照准、整平、读数等方面都会产生误差。同时，观测者的技术水平、工作态度及状态都对测量成果的质量有直接影响。

2. 测量仪器

测量工作通常都是利用测量仪器进行的。由于仪器的精密度有限，观测值的精度受到一定的限制。例如，在用只刻有厘米分划的普通水准尺进行水准测量时，就难以保证在估读厘米以下的尾数时完全正确无误；同时仪器本身在设计、制造、安装、校正等方面也存在一定的误差。例如，水准仪的视准轴不平行于水准轴；水准尺的分划误差等。因此，使用这样的水准仪和水准尺进行观测，就会使得水准测量的结果产生误差。同样，经纬仪、测距仪等的仪器误差也使三角测量、距离测量的结果产生误差。

3. 外界条件

观测时所处的外界条件，如温度、湿度、大气折光等因素都会对观测结果产生一定的影响。外界条件发生变化，观测成果将随之变化。

上述三方面的因素是引起观测误差的主要来源，因此把这三方面因素综合起来称为观测条件。观测条件的好坏与观测成果的质量有着密切的联系，观测条件相同的各次观测，称为等精度观测；观测条件不同的各次观测，称为非等精度观测。

1.1.2 测量误差的分类

测量误差按其对观测成果的影响性质，可分为系统误差和偶然误差两种。

1. 系统误差

在相同的观测条件下，对某量作一系列的观测，若误差的大小及符号均相同或按一定的规律变化，这类误差称为系统误差。产生系统误差的主要原因是测量仪器和工具的构造

不完善。例如，用一把名义为50m长、实际长度为50.020m的钢尺丈量距离，每量一尺段就要少量0.02m，该0.02m的误差在数值上和符号上都是固定的，该尺全长要比实际长度短0.02m。总误差的大小与所量的距离的多少成正比，距离越长，误差积累越多。

系统误差的积累性对测量结果影响很大，但是系统误差符号和大小具有一定的规律，所以系统误差可采取一定的措施加以减弱或消除，其常用的措施有：

（1）精确检校仪器，把系统误差降低到最小。

（2）采用增加改正数的计算方法，抵消测量结果中的系统误差，如尺长改正、温度改正等。

（3）采用适当的观测方法，使系统误差相互抵消或减弱，如采用测回法观测水平角可以消除视准轴误差、度盘偏心差等。

2. 偶然误差

在相同的观测条件下，对某量作一系列的观测，若误差在符号和大小都没有表现出一致的倾向，即从单个或少数几个误差来看，该误差的大小及符号没有规律，但从大量误差的总体来看，具有一定的统计规律，这类误差称为偶然误差或随机误差。

例如用经纬仪测角时，测角误差是由照准误差、读数误差、外界条件变化所引起的误差、仪器本身不完善而引起的误差等综合作用的结果。而其中每一项误差是由许多偶然（随机）因素所引起的小误差的代数和。例如照准误差可能是由于脚架或测钎晃动或扭转、风力风向的变化、目标的背景、大气折光和大气透明度等偶然因素影响而产生的小误差代数和。因此，测角误差实际上是许许多多微小误差项的总和，而每项微小误差又随着偶然因素的影响不断变化，其数值忽大忽小，其符号或正或负，这样，由它们所构成的总和，就其个体而言，无论是数值的大小或符号的正负是不能事先预知的，因此，把这种性质的误差称为偶然误差。

除上述两类误差之外，还可能发生错误，也称粗差，如读错、记错等。这主要是由于粗心大意而引起。一般粗差值大大超过系统误差或偶然误差。粗差不属于误差范畴，粗差的存在不仅大大影响测量成果的可靠性，甚至造成返工。因此必须采取适当的方法和措施，杜绝错误发生。

1.1.3 偶然误差的特性

偶然误差是由多种因素综合影响产生的，观测结果中不可避免地存在偶然误差，因而偶然误差是误差理论主要研究的对象。就单个偶然误差而言，其大小和符号都没有规律性，呈现出随机性，但就其总体而言却呈现出一定的统计规律性，并且是服从正态分布的随机变量。即在相同观测条件下，大量偶然误差分布表现出一定的统计规律性。

例如，在相同观测条件下，观测了217个三角形的全部内角，三角形内角观测值之和 L 不等于真值180°，其差值 Δ 称为真误差，可由式（3.1）计算，式中 X 表示真值。

$$\Delta = L - X \tag{3.1}$$

先取误差区间的间隔 $d_{\Delta} = 0.3''$，将这一组误差按其正负号与误差值的大小排列。出现在某区间内误差的个数称为频数，用 K 表示，频数除以误差的总个数 n 得 K/n，称为误差在该区间的频率，统计结果列于表3.1。

表 3.1 频率分布表

误差区间 d_Δ(″)	$+\Delta$		$-\Delta$	
	K	K/n	K	K/n
0～3	30	0.138	29	0.134
3～6	21	0.097	20	0.092
6～9	15	0.069	18	0.083
9～12	14	0.065	16	0.073
12～15	12	0.055	10	0.046
15～18	8	0.037	8	0.037
18～21	5	0.023	6	0.028
21～24	2	0.009	2	0.009
24～27	1	0.005	0	0
27 以上	0	0	0	0
总合	108	0.498	109	0.502

从表 3.1 中可以看出：小误差出现的频率大，大误差出现的频率小；绝对值相等的正负误差出现的百分比相仿；绝对值最大的误差不超过某一个定值。在其他测量结果中也可显示出上述同样的规律。通过大量实验统计结果表明，特别是当观测次数较多时，可以总结出偶然误差具有如下特性：

（1）有限性。在一定的观测条件下，偶然误差的绝对值不会超过一定的限度。

（2）密集性。绝对值小的误差比绝对值大的误差出现的可能性大。

（3）对称性。绝对值相等的正误差与负误差出现的机会相等。

（4）抵偿性。当观测次数无限增多时，偶然误差的算术平均值趋近于零。即

$$\lim_{n\to\infty}=\frac{[\Delta]}{n}=0 \tag{3.2}$$

式中 $[\Delta]$——误差总和的符号，换言之，偶然误差的理论平均值为零。

为了充分反映误差分布的情况，除去上述用表格的形式（称误差分布表），还可以用直观的图形来表示。例如：图 3.1 中以横坐标表示误差的大小，纵坐标表示各区间误差出现的频率除以区间的间隔值，即$\frac{K/n}{d_\Delta}$。这样，每一误差区间上方的长方形面积，就代表误差出现在该区间的频数。例如，图中有斜线的长方形面积就代表误差出现在$+6''\sim+9''$区间内的频数 0.069，这种图称为直方图，其特点是能形象地反映出误差的分布情况。

如果继续观测更多的三角形，即增加误差的个数，当 $n\to\infty$时，各误差出现的频率也就趋近于一个完全确定的值，这个数值就是误差出现在各区间的概率。此时如将误差区间无限缩小，那么图 3.1 中各长方形顶边所形成的折线将成为一条光滑的连续曲线，如图 3.2 所示，这条曲线称为误差分布曲线，也称正态分布曲线。曲线上任一点的纵坐标 y 均为横坐标 Δ 的函数，其函数形式为

$$y=f(\Delta)=\frac{1}{\sqrt{2\pi}\sigma}e^{-\frac{\Delta^2}{2\sigma^2}} \tag{3.3}$$

式中 e——自然对数的指数（e=2.7183）；

σ——观测值的标准差（将在下节讨论），其平方 σ^2 称为方差。

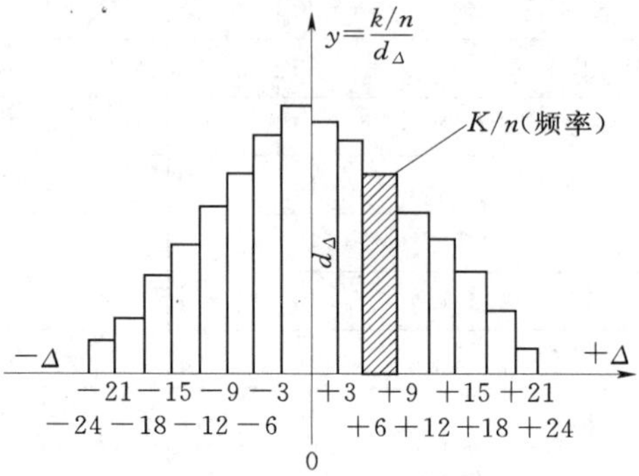

图 3.1 频率直方图

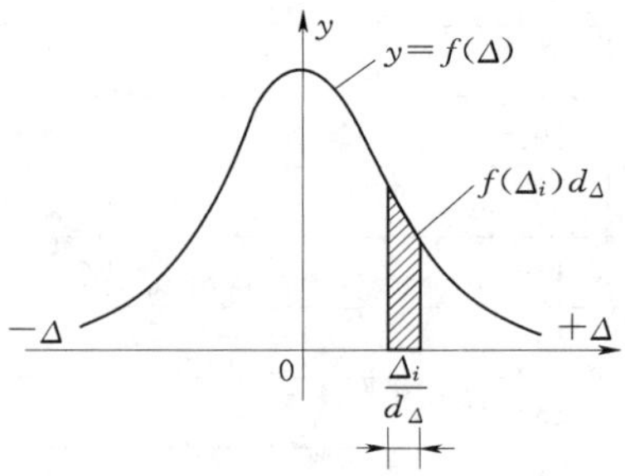

图 3.2 正态分布图

学习单元 1.2 精 度 评 定 指 标

为了评定观测成果的精度，以便确定其是否符合要求，需要有一衡量精度的标准。前面已提到，观测成果的精度与观测条件有着密切的关系，观测条件好，则观测结果的精度高；观测条件不好，则观测结果的精度低。在一定的观测条件下进行的一组观测对应着一组确定的误差分布，若误差较集中于零附近，就是误差离散度小，反之误差离散度大。根据正态分布原理，离散度小，表明该组观测质量好，精度高；离散度大，表明该组观测质量差，精度低。精度可以用列表法或作图法来衡量，但比较麻烦，所以常用一个具体数字来反映离散程度的大小，称为衡量精度的指标或标准。常用的标准有以下几种。

1.2.1 中误差

设在相同的观测条件下对某未知量进行了 n 次观测，观测值为 l_1、l_2、…、l_n，其真值为 X，真误差为 Δ_1，Δ_2，…，Δ_n，则观测误差的标准差 σ 定义为

$$\sigma^2=\lim_{n\to\infty}\frac{[\Delta\Delta]}{n} \tag{3.4}$$

式中 $[\Delta\Delta]=\Delta_1^2+\Delta_2^2+\cdots+\Delta_n^2$。

用式（3.4）求 σ 值要求观测数趋近于无穷大，实际上是很难办到的。在实际测量工作中，观测数总是有限的，一般采用式（3.5）计算观测精度指标

$$m=\pm\sqrt{\frac{[\Delta\Delta]}{n}} \tag{3.5}$$

式中 m——中误差；

n——观测次数。

比较式（3.4）与式（3.5）可以看出，标准差 σ 与中误差 m 的不同在于观测个数的区别，标准差为理论上的观测精度指标，而中误差则是观测数 n 为有限时的观测精度指标。所以，中误差实际上是标准差的近似值，统计学上称为估值，随着 n 的增加，m 将趋近 σ。

【例 3.1】 设有两组等精度观测，其真误差分别为

第一组 $-3''$、$+3''$、$-1''$、$-3''$、$+4''$、$+2''$、$-1''$、$-4''$；

第二组 +1″、−5″、−1″、+6″、−4″、0″、+3″、−1″。

试求这两组观测值的中误差。

【解】

$$m_1=\pm\sqrt{\frac{(-3)^2+3^2+(-1)^2+(-3)^2+4^2+2^2+(-1)^2+(-4)^2}{8}}=\pm 2.8''$$

$$m_2=\pm\sqrt{\frac{1^2+(-5)^2+(-1)^2+6^2+(-4)^2+0+3^2+(-1)^2}{8}}=\pm 3.3''$$

比较 m_1 和 m_2 可知，第一组观测值的精度要比第二组高。

必须指出，在相同的观测条件下所进行的一组观测，由于它们对应着同一种误差分布，因此，对于这一组中的每一个观测值，虽然各真误差彼此并不相等，有的甚至相差很大，但它们的精度均相同，即都为同精度观测值。

1.2.2 极限误差

中误差是反映误差分布的密集或离散程度的，不是代表个别误差的大小，因此，要衡量某一观测值的质量，决定其取舍，还要引入极限误差的概念，极限误差又称为允许误差，简称限差。偶然误差的第一特性说明，在一定条件下，误差的绝对值不会超过一定限值，这个限值就是允许误差。此限值有多大呢？根据误差理论可知，在等精度观测的一组误差中，误差落在区间（$-\sigma$，$+\sigma$）（-2σ，$+2\sigma$）（-3σ，$+3\sigma$）的概率分别为

$$\left.\begin{aligned}&P(-\sigma<\Delta<+\sigma)\approx 68.3\%\\&P(-2\sigma<\Delta<+2\sigma)\approx 95.4\%\\&P(-3\sigma<\Delta<+3\sigma)\approx 99.7\%\end{aligned}\right\}\tag{3.6}$$

式（3.6）说明，绝对值大于2倍中误差的误差，其出现的概率为4.6%，特别是绝对值大于3倍中误差的误差，其出现的概率仅0.3%，已经是概率接近于零的小概率事件，或者说实际上的不可能事件。因此在测量规范中，为确保观测成果的质量，通常规定以3倍或2倍中误差 m 为偶然误差的允许误差或限值，即

$$\Delta_{允}(\Delta_{限})=3m \text{ 或 } \Delta_{允}(\Delta_{限})=2m\tag{3.7}$$

当某观测值的误差超过了允许的2倍中误差时，将认为该观测值含有粗差，而应舍去不用或重测。

1.2.3 相对误差

真误差、中误差、允许误差都是表示误差本身的大小，称为绝对误差。对于衡量精度来说，有时用绝对误差很难判断观测结果精度的高低。

例如，用钢尺丈量了两段距离，第一段长度为100m，第二段长度为200m，中误差均为±0.02m。虽然两者的中误差相同，但就单位长度而言，两者精度并不相同，后者显然优于前者。为了客观反映实际精度，常采用相对误差。

相对误差 K 是中误差的绝对值与相应观测值之比，且化为分子是1的形式，用 $\frac{1}{M}$ 的形式表示，即

$$K=\frac{|m|}{D}=\frac{1}{\frac{D}{|m|}}=\frac{1}{M}\tag{3.8}$$

上例中前者的相对中误差为$\frac{1}{5000}$，后者为$\frac{1}{10000}$，表明后者精度高于前者。

练　　习

1. 测量误差的来源有哪些方面？
2. 系统误差和偶然误差有什么不同？各有什么特点？
3. 中误差和相对误差是怎么定义的？

学习情景2　误 差 传 播 律

2.1.1　误差传播律概述

前面叙述了衡量一组等精度观测值的精度指标，并指出在测量工作中通常以中误差作为衡量精度的指标。但在实际工作中，某些未知量不可能或不便于直接进行观测，而需要由另一些直接观测量根据一定的函数关系计算出来。例如，欲测量不在同一水平面上两点间的距离 D，可以用光电测距仪测量斜距 S，并用经纬仪测量竖直角 α，以函数关系 $D=S\cos\alpha$ 来推算。显然，在此情况下，函数 D 的中误差与观测值 S 及 α 的中误差之间，必定有一定的关系。阐述这种函数关系的定律，称为误差传播定律。

设有一般函数

$$Z=f(X_1,X_2,\cdots,X_n)$$

式中　X_1，X_2，…，X_n——可直接观测的未知量；

Z——不便于直接观测的未知量。

设 $X_i(i=1，2，\cdots，n)$ 的独立观测值为 L_i，其相应的真误差为 Δx_i。由于 Δx_i 的存在，使函数 Z 亦产生相应的真误差 ΔZ。因此若函数 Z 的中误差为 m_Z，各独立变量 X_i $(i=1，2，\cdots，n)$ 对应的观测值中误差分别为 $m_i(i=1，2，\cdots，n)$，只要知道了 m_Z 与 m_i 之间的关系，就可由各变量的观测值中误差来推求函数的中误差。各变量的观测值中误差与其函数的中误差之间的关系式，称为误差传播定律。

2.1.2　线性函数误差传播定律

线性函数形式：

$$F=f_1x_1+f_2x_2+\cdots+f_nx_n$$

条件：观测值 x_1，x_2，…，x_n，相互独立，其中误差 m_1，m_2，…，m_n。

函数 F 的中误差：$m_F=\pm\sqrt{f_1^2m_1^2+f_2^2m_2^2+\cdots+f_n^2m_n^2}$。

（1）对于和差函数 $Z=\pm x\pm y$。

$$m_Z=\pm\sqrt{m_x^2+m_y^2}$$

如果

$$m_x=m_y=m$$

则

$$m_Z=\sqrt{2}m$$

当 Z 是 n 个独立观测值的代数和时，即

$$Z=\pm x_1\pm x_2\pm\cdots\pm x_n$$

可推得

$$m_Z=\pm\sqrt{m_1^2+m_2^2+\cdots+m_n^2}$$

如果 $$m_1=m_2=\cdots=m_n=m$$

则 $$m_Z=\pm\sqrt{n}m$$

（2）对于倍数函数 $Z=kx$，有
$$m_Z=km_x$$

2.1.3 非线性函数误差传播定律

设有非线性函数 $Z=f(X_1, X_2, \cdots, X_n)$，$X_i(i=1, 2, \cdots, n)$ 为独立观测量，并设 X_i 的中误差为 m_i，为此，可先将非线性函数线性化，然后再按线性函数处理。

函数形式 $$z=f(x_1,x_2,\cdots,x_n)$$

全微分 $$\mathrm{d}Z=\frac{\partial f}{\partial x_1}\mathrm{d}x_1+\frac{\partial f}{\partial x_2}\mathrm{d}x_2+\cdots+\frac{\partial f}{\partial x_n}\mathrm{d}x_n$$

用真误差替代 $$\Delta Z=\frac{\partial f}{\partial x_1}\Delta x_1+\frac{\partial f}{\partial x_2}\Delta x_2+\cdots+\frac{\partial f}{\partial x_n}\Delta x_n$$

用中误差的形式表示 $$m_Z^2=\left(\frac{\partial f}{\partial x_1}\right)^2m_1^2+\left(\frac{\partial f}{\partial x_2}\right)^2m_2^2+\cdots+\left(\frac{\partial f}{\partial x_n}\right)^2m_n^2$$

2.1.4 误差传播定律的应用

1. 应用误差传播定律的步骤

（1）列出正确的函数模型（注意：模型符合测量事实；观测量各自独立）。

（2）非线性函数线性化。

（3）运用误差传播定律。

2. 应用举例

【例 3.2】 设对某量进行了 n 次等精度观测，其观测值分别为 l_1，l_2，…，l_n，每一观测值的中误差为 m，算术平均值为 L，求算术平均值的中误差 M。

【解】
$$L=\frac{l_1+l_2+\cdots+l_n}{n}=\frac{1}{n}l_1+\frac{1}{n}l_2+\cdots+\frac{1}{n}l_n$$
$$M^2=\left(\frac{1}{n}m\right)^2+\left(\frac{1}{n}m\right)^2+\cdots+\left(\frac{1}{n}m\right)^2=\frac{1}{n}m^2$$
$$M=\frac{m}{\sqrt{n}}$$

【例 3.3】 在 1∶500 的地形图上测量两点间的距离，图上的距离 $d=42.3\text{mm}$，在地形图上量距误差 $m_d=\pm0.2\text{mm}$，求实地距离及 m_D。

【解】 $$D=500d=500\times42.3\text{mm}=21150\text{mm}=21.15\ (\text{m})$$
$$m_D=500m_d=500\times(\pm0.2\text{mm})=\pm100\text{mm}=\pm0.1\ (\text{m})$$

练 习

1. 水准测量中，若水准尺上每次读数中误差为±2.0mm，则每站高差中误差是多少？

2. 纬仪观测某角四个测回，如果一个测回测角中误差为±6″，求该角的中误差。

3. 采用三角高程方法测量高差，设测得水平距离 $D=(102\pm0.3)\text{m}$，天顶距 $Z=80°17'24''\pm12''$，仪器高 $i=(1.42\pm0.01)\text{m}$，目标高 $v=(2.30\pm0.02)\text{m}$，试求高差中误差。

工作任务4　地　形　测　量

学习情景1　地形图基本知识

学习单元1.1　地 形 图 的 认 识

1.1.1　地形图及构成要素

地形图是遵循一定的数学法则，将客体上的地理信息，通过科学的概括，并运用符号系统表示在一定载体上的图形，以传递它们的数量和质量在时间与空间上的分布规律和发展变化。

地形图主要由图形要素、数学要素、辅助要素及补充说明构成。

图形要素——地图构成要素中的主体部分。就是用地图符号表示的制图范围内的各种自然、社会经济现象的数量、质量、空间分布、相互联系、时间变化等的内容。各种注记是地图符号系统的重要组成部分，所以它们也属于图形要素。

数学要素——决定地理要素的空间分布位置和几何精度的数学基础，是地图的“骨架”。包括地图投影、坐标系统、比例尺、控制点等。

辅助要素——为了便于读图和用图而设置的，包括图名、图例、地图编号、编制出版单位、时间、主要编图过程及参数。

补充说明——以副图、统计图表、剖面图、照片、文字说明等，对主要图件在内容与形式上的补充。

1.1.2　地形图比例尺

地形图上任一线段的长度与地面上相应线段的实际水平长度之比，称为地形图的比例尺。当图上1cm代表地面上水平长度10m（即1000cm）时比例尺就是1∶1000。

1. *数字比例尺*

数字比例尺一般用分子为1的分数形式表示。设图上某一直线的长度为d，地面上相应线段的水平长度为D，则图的比例尺为

$$\frac{d}{D}=\frac{1}{\frac{D}{d}}=\frac{1}{M} \tag{4.1}$$

式中　M——比例尺分母，分母就是将图上的长度放大到与实地长度一样时的放大倍数。

数字比例尺也可以用一个比例式1∶M来表示的。如1∶500、1∶1000等。

比例尺的大小是以比例尺的比值来衡量的，M越小，比例尺越大。通常称1∶1000000、1∶500000、1∶200000为小比例尺地形图；称1∶100000、1∶50000、1∶25000和1∶10000为中比例尺地形图；称1∶5000、1∶2000、1∶1000和1∶500为大比例尺地形图。按照地形图图式规定，比例尺以20K宋体进行注记，标注在外图廓线正下

方 9mm 处。大比例地形图的比例尺一般用 1∶M 数字比例尺形式来表示，如 1∶500、1∶1000、1∶2000、1∶5000。

2. 图式比例尺

为了用图方便，以及减弱由于图纸伸缩而引起的误差，在绘制地形图时，常在图上绘制图式比例尺。例如，要绘制 1∶500 的图式比例尺，绘制时先在图上绘两条平行线，再把它分成若干相等的线段，称为比例尺的基本单位，一般为 2cm；将左端的一段基本单位又分成 10 等份，每等份的长度相当于实地长度 1m，而每一基本单位所代表的实地长度为 2cm×500＝10m。如图 4.1 所示。直线比例尺可随着图纸一起伸缩，在测图或用图时可以避免因图纸伸缩引起的误差。

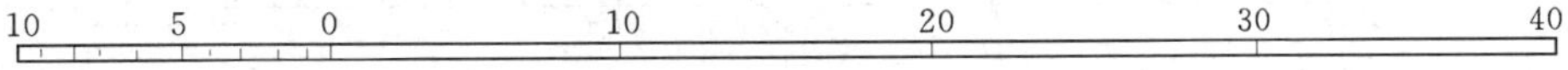

图 4.1　图式比例尺

3. 比例尺的精度

一般认为，人的肉眼能分辨的图上最小距离是 0.1mm，因此通常把图上 0.1mm 所表示的实地水平长度称为比例尺的精度。根据比例尺的精度，可以确定在测图时量距应准确到什么程度。例如，测绘 1∶1000 比例尺地形图时，其比例尺的精度为 0.1m，故量距的精度只需 0.1m，小于 0.1mm 在图上表示不出来。另外，当设计规定需在图上能量出的实地最短长度时，根据比例尺的精度，可以确定测图比例尺。比例尺越大，表示地物和地貌的情况越详细，精度越高。但是必须指出，同一测区，采用较大比例尺测图往往比采用较小比例尺测图的工作量和投资增加数倍。因此，采用哪一种比例尺测图，应从工程规划、施工实际需要的精度出发，不应盲目追求更大比例尺的地形图。

学习单元 1.2　地形图的基本内容及其符号表示

1.2.1　地物及其表示

1. 地物的概念

所谓地物是指地面上天然或人工形成的物体。地物的种类很多，但大体上可归纳为两类：一类是自然地物，如河流、湖泊、森林、草地、冲沟等；另一类是人造地物，如房屋、道路、桥梁、管线等。所有这些地物都要在地形图上绘制出来。

2. 地物的表示方法

不同的地物，其表示的方法也不一样。地物符号是用来表示地面物体的类别、形状、大小和水平位置的符号。根据需要表示的地物特性和大小，一般将地物符号分为比例符号、非比例符号、线状符号。常见地物的符合表示方法，见表 4.1。

（1）比例符号。将地物的外轮廓依测图比例尺缩绘在图纸上的符号，称为比例符号，如房屋、双线河流、农田、运动场等。

比例符号能准确地反映出地物的平面位置、形状和大小。

（2）非比例符号。由于某些地物太小，若按测图比例尺缩绘在图上仅一个点，很难表示，但是该地物又必须表示在图纸上，此时可用一个特定的形象符号来表示，该符号称为非比例符号，如控制点、电线杆、纪念碑、路灯、独立树等。

非比例符号只能表示地物在图上的中心位置，而不能反映出其形状和大小。

（3）线状符号。线状符号是指某些长度能按比例尺缩绘在图上，而宽度不能按比例尺缩绘在图上的带状地物符号，又称为半依比例符号，如公路、铁路、围墙、电力线、通信线等。

表 4.1　　　　常见地物的符号表示方法

编号	符号名称	图例
1	坚固房屋 4—房屋层数	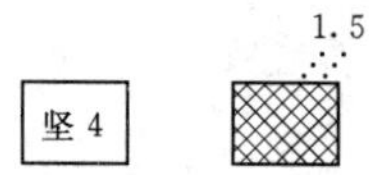
2	普通房屋 2—房屋层数	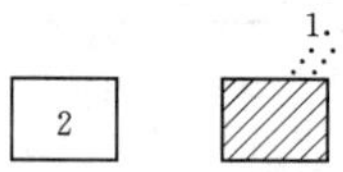
3	窑洞 1. 住人的 2. 不住人的 3. 地面下的	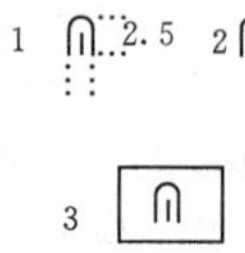
4	台阶	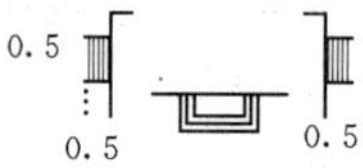
5	花圃	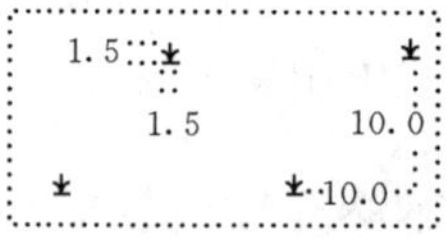
6	草地	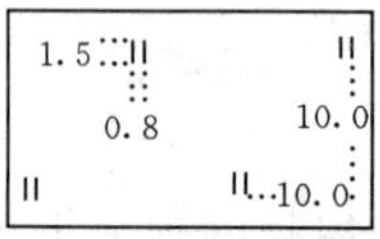
7	经济作物地	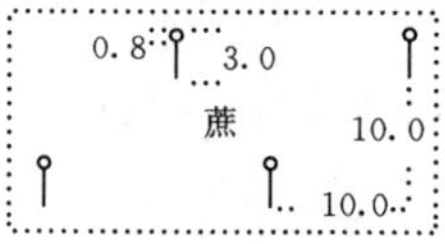
8	水生经济作物地	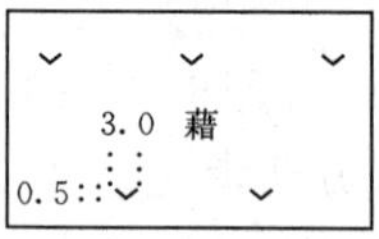
9	水稻田	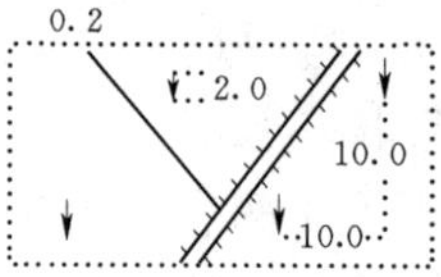
10	旱地	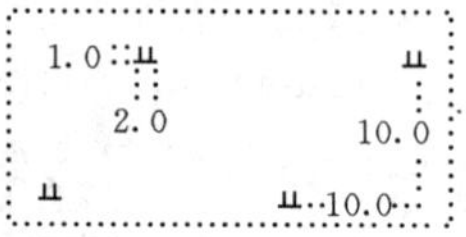
11	灌木林	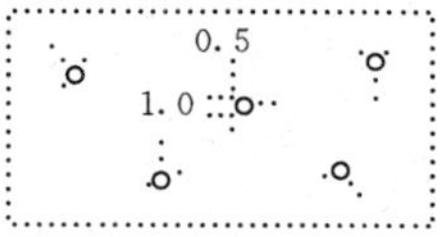
12	菜地	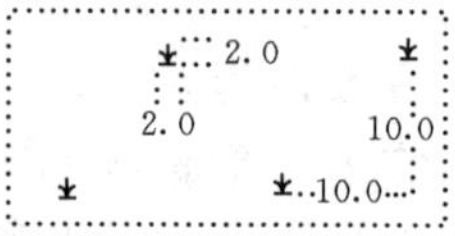
13	高压线	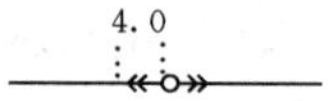
14	低压线	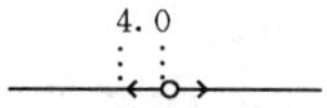
15	电杆	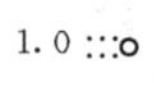
16	电线架	
17	砖、石及混凝土围墙	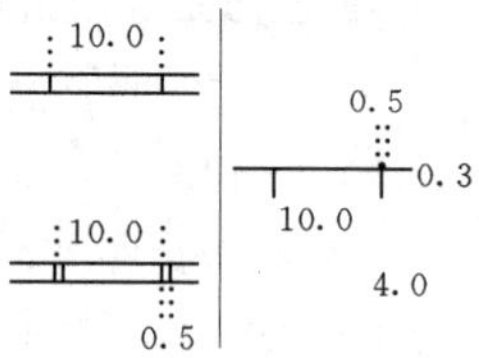
18	土围墙	
19	栅栏、栏杆	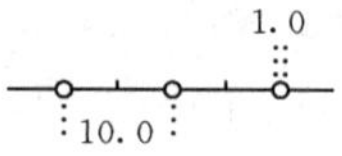
20	篱笆	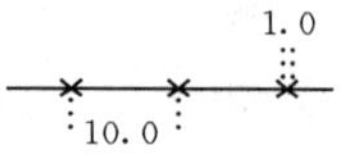

续表

编号	符号名称	图例
21	活树篱笆	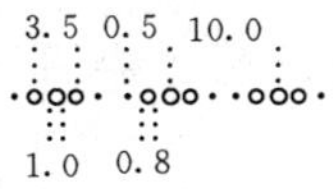
22	沟渠 1. 有堤岸的 2. 一般的 3. 有沟堑的	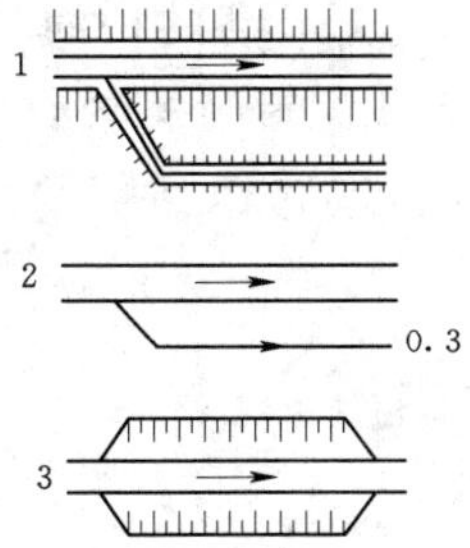
23	公路	
24	简易公路	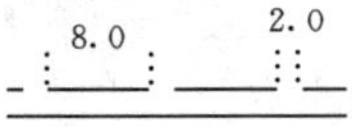
25	大车路	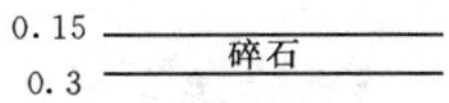
26	小路	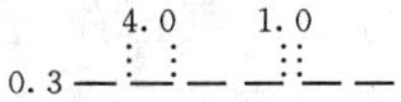
27	三角点 凤凰山—点名 394.468—高程	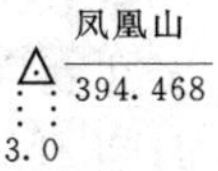
28	图根点 1. 埋石的 2. 不埋石的	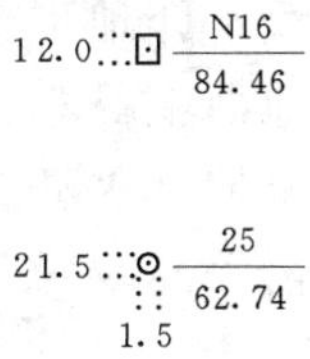
29	水准点	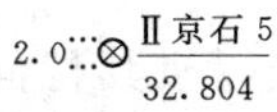
30	旗杆	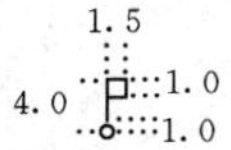
31	水塔	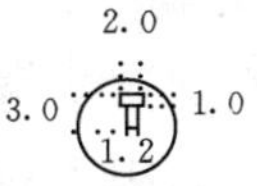
32	烟囱	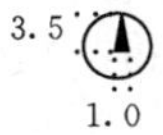
33	气象站	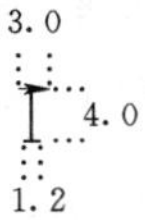
34	消火栓	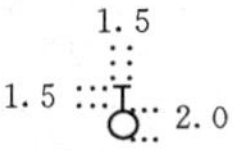
35	阀门	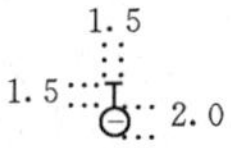
36	水龙头	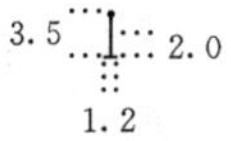
37	钻孔	
38	路灯	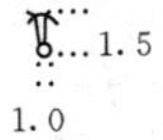
39	独立树 1. 阔叶 2. 针叶	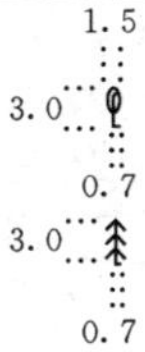
40	岗亭、岗楼	
41	等高线 1. 首曲线 2. 计曲线 3. 间曲线	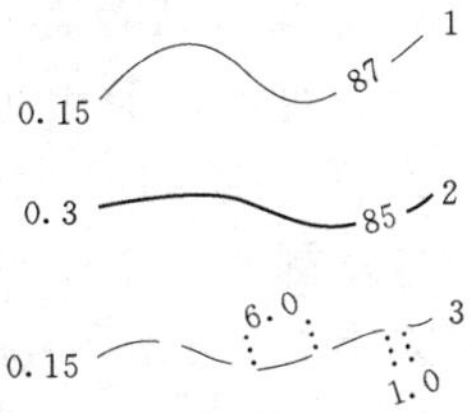

线状符号能表示地物中心线在地形图上的位置。

1.2.2 地貌及其表示

1. 地貌

所谓地貌是指地球表面高低起伏的形态。地貌虽然千姿百态，但归纳起来不外乎山顶、山脊、山谷、鞍部、盆地等五种基本地形特征。

如图 4.2 所示，较四周显著凸起的高地称为山，山的最高点称为山顶，尖的山顶称为山峰。山的凸棱由山顶延伸至山脚者称为山脊，山脊最高的棱线称山脊线（或分水线）。两山脊之间的凹部称为山谷。两侧称谷坡。两谷坡相交部分称为谷底。谷底低点连线称山谷线（或合水线）。两相邻山顶之间的低洼山脊处，形状像马鞍形，称为鞍部。四周高中间低的地形叫盆地。最低处称盆底。

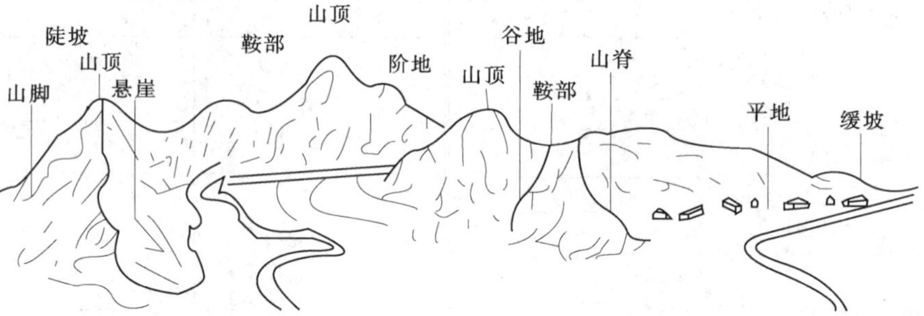

图 4.2 地貌

2. 等高线

在地形图上，目前最常用的表示地貌的方法是等高线法。等高线能够真实地反映出地貌形态和地面的高低起伏，且能依据等高线量出地面点的高程。

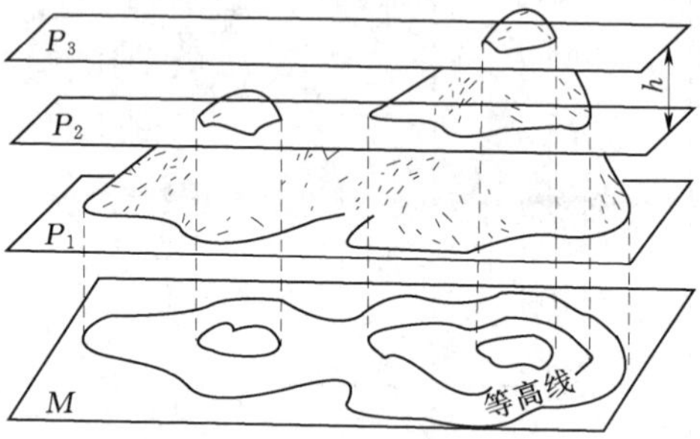

图 4.3 等高线

在图 4.3 中，有一高地被水平面 P_1、P_2、P_3 所截，在各平面上得到相应的截线，称为等高线。将这些截线沿铅垂方向投影（即垂直投影）到大地水准面 M 上，按一定的比例尺缩小后便得到地形图上的表示该高地的一圈套一圈的闭合曲线，即地形图上的等高线。所以，等高线就是地面上高程相等的相邻各点连成的闭合曲线，也就是水平面与地面相交的曲线。

可见，等高线为一组高度不同的空间平面曲线，地形图上表示的仅是它们在大地水准面上的投影。

3. 等高线的种类

为了便于表示和阅读地形图，绘在图上的等高线，按其特征分为首曲线、计曲线、间曲线和助曲线四种类型，如图 4.4 所示。

（1）首曲线。按照地形图基本等高距描绘的等高线称为首曲线，又称基本等高线。首曲线采用 0.15mm 的细实线绘出。

（2）计曲线。在地形图上，凡是高程能被 5 倍基本等高距整除的等高线均加粗描绘，这种等高线称为计曲线。计曲线上注记高程，线粗为0.3mm。计曲线主要为读图时量算高程方便之用。

(3) 间曲线。当首曲线不能显示地貌的特征时，按1/2基本等高距描绘的等高线称为间曲线，在图上用粗0.15mm的细长虚线表示。

(4) 助曲线。有时为显示局部地貌的需要，可以按1/4基本等高距描绘的等高线，称为助曲线。一般用短虚线表示。

间曲线和助曲线描绘时可不闭合。

4. 等高线特性

(1) 等高性。同一等高线上的点的高程相等。

(2) 闭合性。每一条等高线都将是闭合的曲线，即使在一幅图上不闭合，在相邻的图幅上也要闭合。

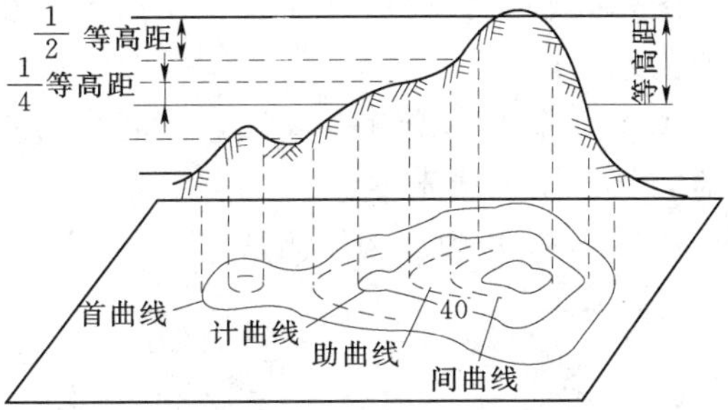

图4.4 等高线的类型

(3) 非交性。不同高程的等高线不会相交，在遇到陡崖的时候，在平面图上等高线有相交的可能，但在空间等高线不会相交。等高线也不会有分叉的线。

(4) 等高线与地性线有正交性。等高线的等高水平性使它和山脊线、山谷线保持正交。山脊的等高线是一组凸向下坡的曲线，并和山脊线正交。山谷的等高线是凸向山顶的一组曲线，和山谷线保持正交。

(5) 缓稀陡密性。即在选定等高距后，等高线稀时坡度小，等高线密时坡度大。

5. 等高距、等高线平距、示坡线

地形图上相邻两条等高线的高程之差称为等高距。常用的等高距有1m、2m、5m、10m等几种。等高距愈小则图上等高线愈密，地貌显示愈详细、确切；等高距愈大则图上等高线愈稀，地貌显示愈粗略。必须指出，在同一幅地形图上一般不能有两种不同的等高距。

地形图上相邻两条等高线之间的水平距离称为等高线平距。从等高线表示地貌的原理来看，等高线平距越小，地面坡度越陡。如果等高线平距等于零，则地面坡度等于90°。

用等高线表示地形时，有时山头和盆地的等高线在外形上非常相似。为了区别这两种地形，就在其等高线上（沿坡度下降的方向）绘一短线来表示坡度的下降方向，这一短线称为示坡线。示坡线一般仅选在最高、最低两条等高线上，能明显表示出坡度方向即可。

6. 典型地貌的等高线表示

根据等高线表示地貌的原理，如图4.5(a)为山丘的等高线。山丘的顶部称为山顶，由若干圈闭合的曲线组成，高程自外向里逐渐升高。

如图4.5(b)为盆地的等高线，也是由若干圈闭合的曲线组成，高程自外向里逐渐降低。为了明显区别山顶和盆地，用垂直于等高线的小短线——示坡线标明地面降低的方向，示坡线未跟等高线连接的一端朝向低处。

如图4.5(c)为山脊和山谷的等高线，都近似于抛物线，山脊的等高线凸向低处，山谷的等高线凸向高处。山脊最高点的连线称为山脊线，山脊线也称为分水线。山谷最低点的连线称为山谷线，山谷线也称为集水线。

图 4.5（d）为鞍部的等高线，其特征是四组等高线共同凸向一处。

图 4.5（e）为梯田等高线。

图 4.5（f）为峭壁等高线，几条等高线几乎重叠。如果几条等高线完全重叠，那么该处为绝壁。

图 4.5（g）为悬崖等高线，等高线两两相交，高程高的等高线覆盖高程低的等高线，覆盖的部分用虚线表示。

图 4.5（h）为冲沟等高线。

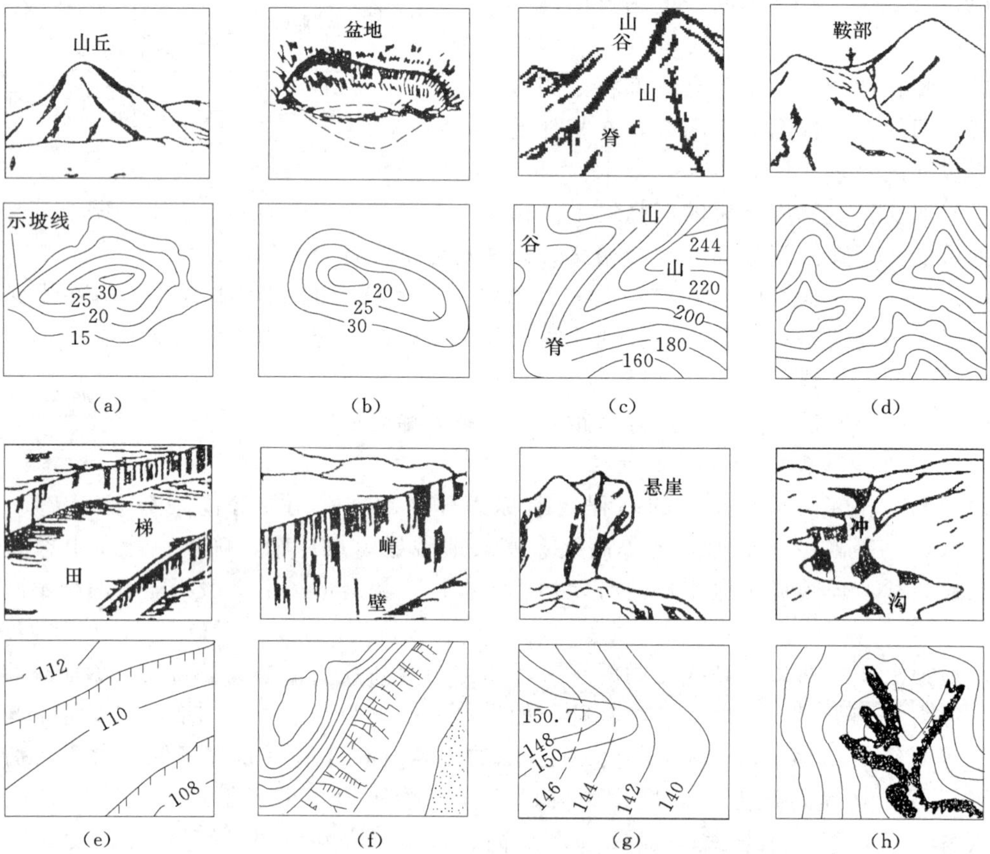

图 4.5　几种典型地貌的等高线

（a）山丘；（b）盆地；（c）山脊山谷；（d）鞍部；（e）梯田；（f）峭壁；（g）悬崖；（h）冲沟

1.2.3　地形图注记

1. 地形图注记形式

（1）文字注记。文字注记又称名称注记。地名注记如市名、县名、镇名、村名等，还有山名、水系（河流）名；说明注记如单位名、道路名等。另外还有性质说明，如建筑物的建筑材料性质注记如“混凝土”、“混”、“砖”，地物性质注记如管道“水”、“污”、

“雨”、“煤”、“热”、“电”、“信”等，植被的植物种类，如“茶”、“苹”等。

(2) 数字注记。数字注记如碎部点高程注记，地物的特征数据注记如管道直径、公路技术等级代码和编号注记，河流的水深和流速注记等。

2. 图廓及图廓外注记

如图 4.6 所示为一幅缩小的 1∶2000 比例尺的地形图，地形图的四周各有两条间隔 12mm 的直线，它们是地形图的边界线，也称为地形图的图廓。

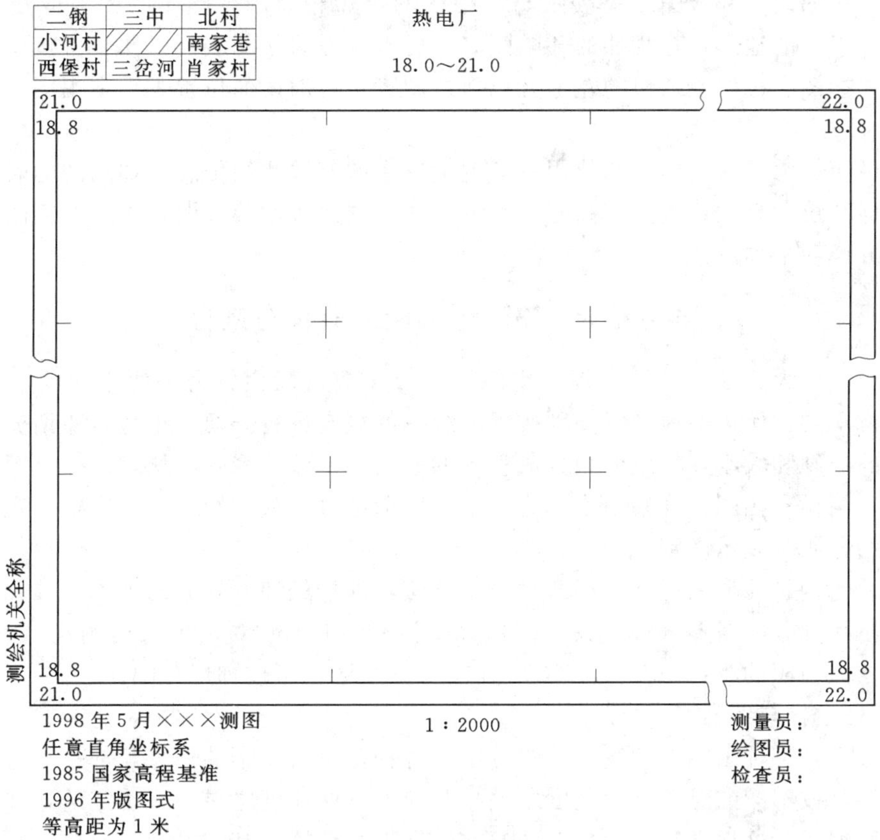

图 4.6　地形图图外注记示意图

地形图四周里面的四条直线是坐标方格网的边界线称为内图廓；四周外面的四条直线称为外图廓，它比内图廓粗，专门用来装饰和美化图幅。内外图廓间的短线处标注坐标值，以 km 为单位。地形图上，靠东、西、南、北的图廓又分别称为东图廓、西图廓、南图廓、北图廓。地形图内图廓的外侧部位称为地形图的图外。为了阅读和使用地形图的方便，国家图式规定在地形图的图外必须进行一系列的注记。

(1) 图名和图号。图名是本幅地形图内的著名地名或重要地名，标注于北图廓的正上方，如图 4.6 中的“热电厂”。

图号是本图幅在测区内所处位置的编号。大比例尺地形图，其编号一般采用图廓西南角坐标公里数法，或采用流水编号法，或行列编号法。标注于北图廓和图名位置的中间部位。采用图廓西南角坐标公里数编号时，X 坐标写在前，Y 坐标写在后，1∶500 地形图坐标取至0.01km，1∶1000地形图取至0.1km，1∶2000地形图取至整公里。如图4.6所示，图廓西南角坐标公里数标注为$X=18.0$，$Y=21.0$，所以该图幅的图号为18.0～21.0；当采用流水编号法时，按测区统一的顺序，从左到右，从上到下用阿拉伯数字（数字码）1、2、3、4、…编定；当用行列编号法时，横行用拉丁字母（字符码）A、B、C、D、…为代号，由上到下排列，纵列用阿拉伯数字（数字码）1、2、3、…为代号，从左到右来编定。

（2）邻接图表。邻接图表是表示与本幅图的周边相邻的各幅图的图名或图号的示意图。当某一工程的地形跨越相邻的几幅图时，可以查看邻接图表，以便于拼接图幅，使用地形图。邻接图表标注在图幅的左上方，邻接图表中打斜线的位置表示本幅图，不注图名或图号。

（3）说明。为了让地形图的使用者了解地形图的有关测绘信息，如测图的时间、测图采用的坐标系统、高程系统、等高距、测图方法、图式版本等，图式规定，绘图时必须在图幅左下方说明中加以说明。

学习单元1.3 地形图的分幅与编号

我国幅员广大，地域辽阔，各种比例尺地形图数量巨大。为了便于测绘、使用和管理，必须将不同比例尺的地形图分别按国家统一的规定进行分幅和编号。所谓分幅，就是按照一定的规则和大小，将地面划分成整齐的、大小一致的系列图块，每一个图块用一张图纸测绘，叫做一幅图；分幅规格称为图幅。所谓编号，就是给每一个图幅确定一个有规则的统一的号码，以示区别。

我国大比例尺地形图通常采用两种分幅方法，即按经纬度划分的梯形分幅和按平面直角坐标网格线划分的矩形分幅。大比例尺地形测图（1∶5000及更大比例尺），一般采用矩形分幅。大面积的1∶5000、1∶2000比例尺基本图也可按梯形分幅。

1.3.1 梯形分幅与编号

梯形分幅是一种国际性的统一分幅方法，各种比例尺图幅的划分，都是从起始子午线和赤道开始，按不同的经差（两经度之差）和纬差（两纬度之差）来确定的，并将各图幅按一定规律编号。这样做就能使各个图幅在地球上的位置与其编号一一对应。只要知道某地区或某点的经纬度，就可以求得该地区或该点所在图幅的编号。有了编号，就可以迅速地找到需要的地形图。反之，根据地形图编号，就可以确定该图幅在地球上的位置。

我国基本比例尺地形图是以国际1∶100万地图分幅为基础进行的，其梯形图幅的地形图的比例尺序列为：1∶100万、1∶50万、1∶25万、1∶10万、1∶5万、1∶2.5万、1∶1万、1∶5000、1∶2000。

1. 1∶100万地形图的分幅与编号

1∶100万地形图的分幅和编号是国际统一的，它也是1∶50万、1∶25万、1∶10万地形图分幅和编号的基础。如图4.7所示，从赤道起向北或向南至纬度88°止，按纬差4°划分为22个横行。自赤道起，每横列依次以大写拉丁字母A、B、C、D、…、V表示。从经度180°起自西向东按经差6°划分为60个纵列，依次用阿拉伯数字1、2、3、4、…、60表示。这样，每幅1∶100万地形图就是由纬差4°和经差6°的经纬线所围成的梯形图幅。图幅的编号由该图幅所在的横行字母和纵列数字所组成，并在前面加上 N 或 S，以区别北半球和南半球。我国位于北半球，图号前面的 N 一般省略不写。例如，北京位于 J 列（纬度 36°～40°）、第 50 行（经度 114°～120°）的 1：100 万图幅之中，该图幅的编号为 J－50。

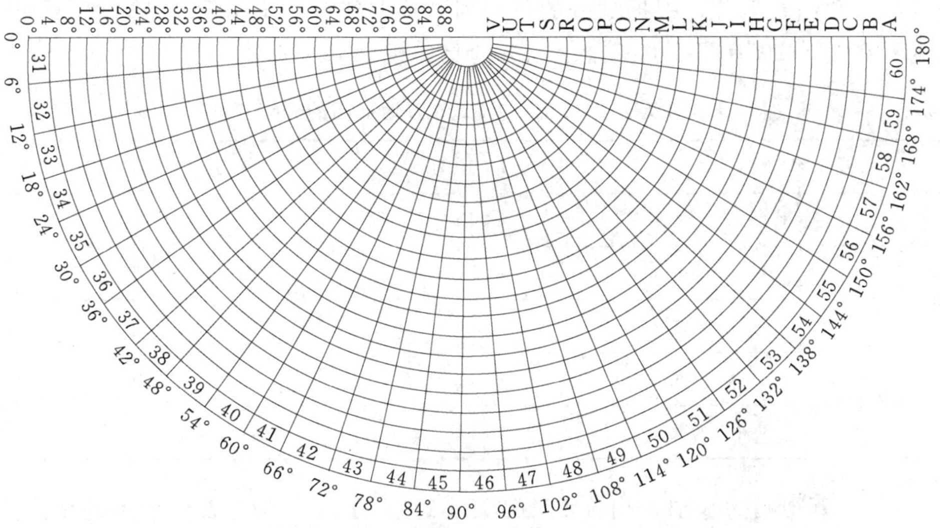

图 4.7 北半球 1：100 万地形图的分幅与编号

2. 1：50万、1：25 万地形图的分幅与编号

1：50 万、1：25 万地形图的分幅与缟号，都是以 1：100 万地形图的分幅和编号为基础的。

将一幅 1：100 万地形图图幅按纬差 2°、经差 3°划分为 4 个 1：50 万地形图图幅，并分别以字母 *A*、*B*、*C*、*D* 表示。将该字母加在 1：100 万地形图编号后面，便组成 1：50 万地形图的图幅编号。如图 4.8 所示，画有斜线的 1：50 万地形图图幅编号为 J－50－D。

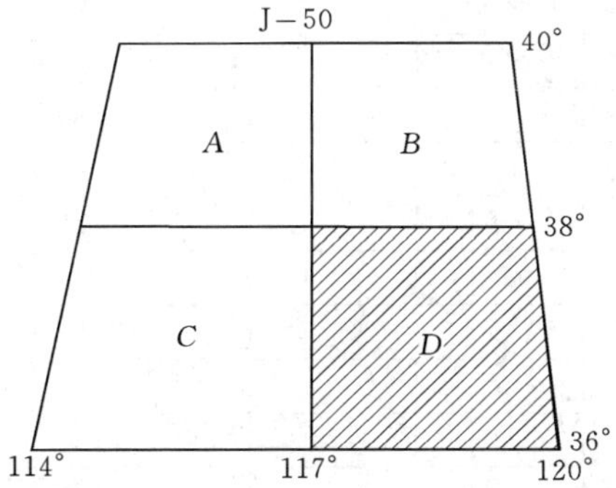

图 4.8 1：50 万地形图的分幅与编号

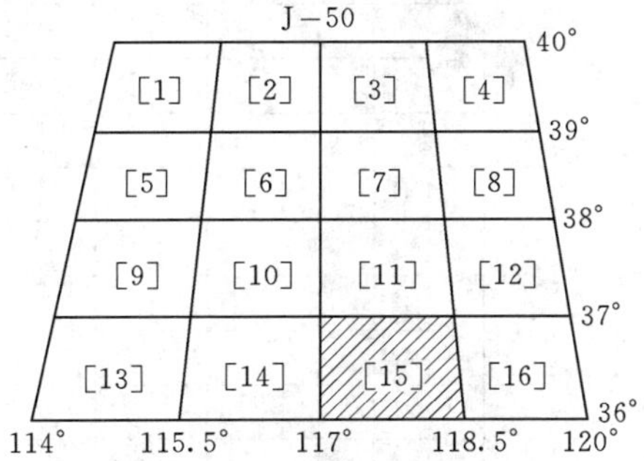

图 4.9 1：25 万地形图的分幅与编号

将一幅 1：100 万地形图图幅按纬差 1°、经差 1°30′划分为 16 个 1：25 万地形图图幅，并分别以带有方括号的阿拉伯数字 [1]、[2]、[3]、…、[16] 表示，加在 1：100 万地形

图编号后面，便组成1：25万地形图的图幅编号。如图4.9所示，画有斜线的1：25万地形图图幅编号为J—50—［15］。

3. 1：10万、1：5万、1：2.5万地形图的分幅与编号

1：10万、1：5万、1：2.5万地形图的分幅是在1：100万地形图幅的基础上按规定的相应的纬差和经差划分，根据划分的行和列，从上到下、从左到右按顺序分别用阿拉伯数字表示。在1：100万图幅的基础上划分的具体规则见表4.2。

表4.2　　1：10万、1：5万、1：2.5万地形图的分幅规则

比　例　尺		1：10万	1：5万	1：2.5万
比例尺代码		D	E	F
图幅范围	纬差	20′	10′	5′
	经差	30′	15′	7′30″
行列划分数量	行数	12	24	48
	列数	12	24	48

在1：100万图幅的基础上划分1：10万、1：5万、1：2.5万地形图的具体情况如图4.10所示。1：10万、1：5万、1：2.5万地形图的图幅编号由10位字符码组成。第一位

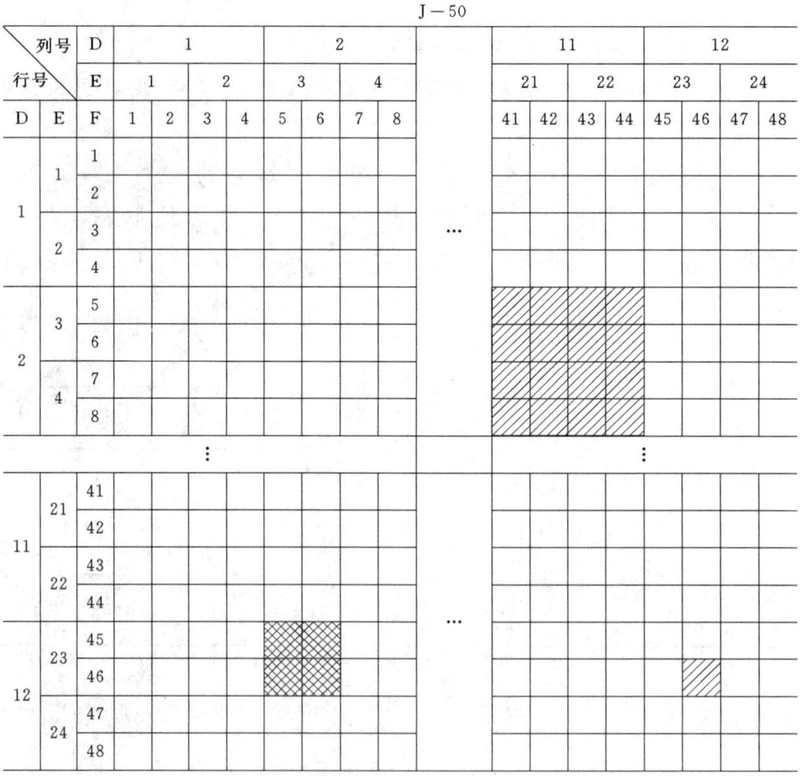

图4.10　1：10万、1：5万、1：2.5万地形图的分幅与编号

为1∶100万图幅行号字符码；第二、三位为1∶100万图幅列号数字码；第四位为比例尺代码；第五、六、七位为行号数字码；第八、九、十位为列号数字码。

在图4.10中，带单斜线的图幅为1∶10万的地形图，其图号为J50D002011；带双斜线的图幅为1∶5万的地形图，其图号为J50E023003；带阴影的图幅为1∶2.5万的地形图，其图号为J50F046046。

4. 1∶1万、1∶5000地形图的分幅与编号

1∶1万地形图的分幅是在1∶10万图幅的基础上进行的，而1∶5000地形图的分幅是在1∶1万图幅的基础上进行的。

1∶10万地形图的编号又可以按下列方式进行：将一幅1∶100万地形图图幅按纬差20′、经差30′划分成144个1∶10万的图幅，分别以数字1、2、3、…、144表示，并加在1∶100万图幅编号后面，便组成1∶10万地形图的图幅编号。如图4.11所示，带斜线的1∶10万图幅的编号为J—50—117。

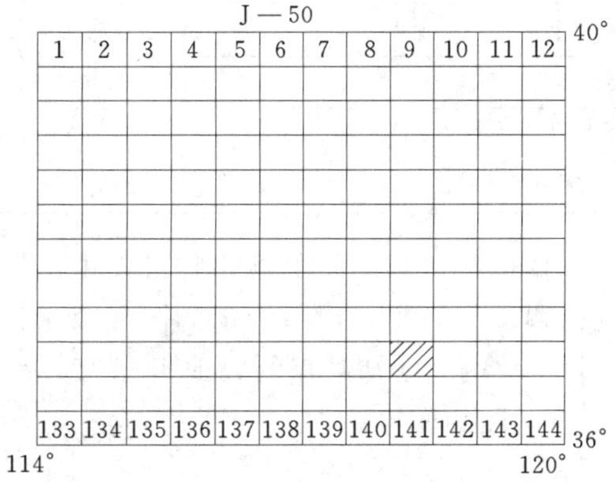

图4.11 1∶10万地形图的分幅与编号

再将一幅1∶10万地形图图幅按纬差2′30″、经差3′45″划分成64个1∶1万的图幅，分别以带括号的数字(1)、(2)、(3)、…、(64)表示，并加在1∶10万图幅编号后面，便组成1∶1万地形图的图幅编号。如图4.12所示，带斜线的1∶1万图幅的编号为J—50—117—(61)。

将一幅1∶1万图幅划分成4幅1∶5000图幅，分别以小写字母a、b、c、d表示，并加在1∶1万图幅编号之后，可得1∶5000地形图的图幅编号。如图4.13所示，画有斜线的1∶5000图幅的编号为J—50—117—(61)—c。

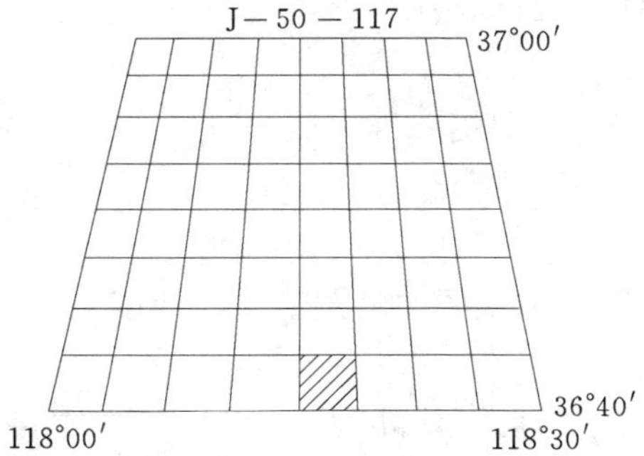

图4.12 1∶1万地形图的分幅与编号

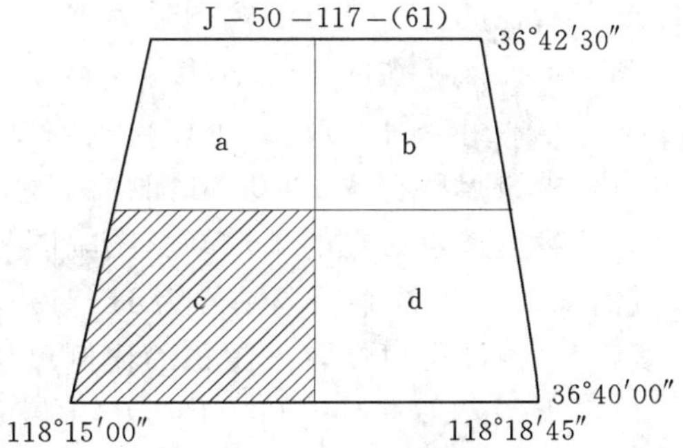

图4.13 1∶5000地形图的分幅与编号

为了方便学习和查用，上述各种比例尺地形图分幅与编号的规则见表4.3。

表 4.3 地形图分幅与编号规则简表

比例尺	图幅大小		划分数		代号	图幅编号
	纬差	经差	绝对	相对		
1∶100 万	4°	6°	1	1	列：A、B、C、…、V 行：1、2、3、…、60	J—50
1∶50 万	2°	3°	4	4	A、B、C、D	J—50—D
1∶25 万	1°	1°30′	16	4	[1]、[2]、…、[16]	J—50— [12]
1∶10 万	20′	30′	144	9	1、2、…、114 D+行号+列号	J—50—8 J50D004006
1∶5 万	10′	15′	576	4	E+行号+列号	J50E010007
1∶2.5 万	5′	7′30″	2304	4	F+行号+列号	J50F022037
1∶1 万	2′30″	3′45″	9216	4	(1)、(2)、…、(64)	J—50—8— (64)
1∶5000	1′15″	1′52.5″	36864	4	a、b、c、d	J—50—8—(64)—c

根据以上分幅编号的规律，可以由已知某点的大地坐标，来求出该点所在的某个比例尺的图幅编号，也可以由给定的图号求出该图幅图廓线的经、纬度。

【例 4.1】 已知某点的大地坐标为 $L=124°34'19''$，$B=43°56'48''$，求该点所在的 1∶5000 地形图的图号。

【解】

(1) 求该点所在的 1∶100 万图幅图号。

行号=B/4°（取整数）+1=11，按拉丁字母排列顺序对应为 K；

列号=L/6°（取整数）+1+30=51。

该点所在的 1∶100 万图幅图号为：K—51。

(2) 求该点所在的 1∶10 万图幅图号。

行号=13−[B 的尾数/20′(取整数)+1]=13−[3°56′48″/20′(取整数)+1] =1，即在第 1 行；

列号=L 的尾数/30′(取整数)+1=4°34′19″/30′（取整数）+1=10，即在第 10 列。

该点所在的 1∶10 万图幅图号为 K—51—10，或 K51D001010。

(3) 求该点所在的 1∶1 万图幅图号。

按与 (2) 同样的方法，可以得到该点所在的 1∶1 万图幅图号为 K—51—10—(10)。

(4) 求该点所在的 1∶5000 图幅图号。

同理可得该点所在的 1∶5000 图幅图号为 K—51—10—(10)—a。

【例 4.2】 已知某图幅图号为 H—49—103—(27)，求该图幅的图廓线经纬度。

【解】 由图号可知，该图幅的比例尺为 1∶1 万。

(1) 由图号 H—49 求 1∶100 万图幅的图廓线的经纬度，即纬度为 28°～32°，经度为 108°～114°。

(2) 由图号 H—49—103 推知，该 1∶10 万图幅位于 1∶100 万图幅的第 9 行第 7 列，则 1∶10 万图幅的起始纬度为 32°−20′×9=29°，起始经度为 108°+30′×(7−1)=111°，即 1∶10 万图幅的图廓线纬度为 29°00′～29°20′，经度为 111°00′～111°30′。

(3) 由图号 H—49—103— (27) 推知，该 1∶1 万图幅位于 1∶10 万图幅的第 4 行第 3 列，则 1∶1 万图幅的起始纬度为 $29°20'-2'30''\times4=29°10'$，起始经度为 $111°00'+3'45''\times(3-1)=111°07'30''$，即该 1∶1 万图幅的图廓线纬度为 $29°10'00''\sim29°12'30''$，经度为 $111°07'30''\sim111°11'15''$。

上述计算过程，应配合草图检核，以防出错。

1.3.2 矩形分幅与编号

用于各种工程建设的大比例尺地形图，一般采用矩形分幅，矩形分幅有正方形分幅和长方形分幅两种。即以平面直角坐标的纵、横坐标线来划分图幅，使图廓呈长方形或正方形。矩形分幅的规格见表 4.4。

表 4.4

比例尺	长方形分幅		正方形分幅		分幅数	图廓坐标值（m）
	图幅大小（cm×cm）	实际面积（km^2）	图幅大小（cm×cm）	实际面积（km^2）		
1∶5000	50×40	5	40×40	4	1	1000 的整数倍
1∶2000	50×40	0.8	50×50	1	4	1000 的整数倍
1∶1000	50×40	0.2	50×50	0.25	6	500 的整数倍
1∶500	50×40	0.05	50×50	0.0625	64	50 的整数倍

矩形分幅的编号方法有坐标编号法、流水编号法和行列编号法。

1. 坐标编号法

坐标编号法一般采用图幅西南角纵横坐标的千米数来表示其编号，以“纵坐标～横坐标”的格式表示。例如，某幅图西南角的坐标 $x=2604.0$km，$y=1350.0$km，则其编号：2604.0～1350.0。编号时注意，比例尺为 1∶5000 的地形图取至整千米数；1∶2000，1∶1000 的地形图取至 0.1km；而 1∶500 的地形图，坐标值取至 0.01km。

2. 流水编号法与行列编号法

对于带状测区或测区范围较小时，可根据具体情况，按从上到下、从左到右的顺序进行数字流水编号。也可采用其他方法如行列编号法编号，目的是要便于管理和使用。如图 4.14 所示。

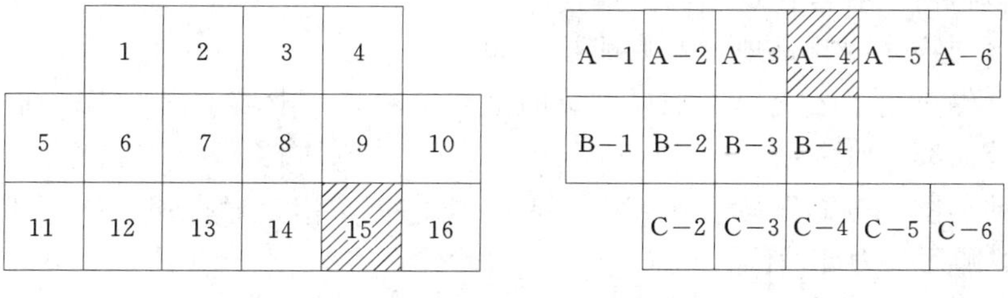

(a) (b)

图 4.14 流水编号法与行列编号法

某些面积较大的测区，往往绘有几种不同的大比例尺地形图，各种比例尺地形图的分幅与编号一般是以 1∶5000 地形图为基础，按正方形分幅法进行的，如图 4.14 所示。某 1∶5000 地形图的编号为“20－10”，将这个图号作为该地区更大比例尺地形图所有图幅的基本图号。1∶2000 地形图的编号是在 1∶5000 图幅编号的末尾分别加上罗马数字Ⅰ、Ⅱ、Ⅲ、Ⅳ而成，如图 4.15 中的图幅甲，其编号为“20－10－Ⅰ”。同样，在 1∶2000 图幅编号的末尾分别加上罗马数字Ⅰ、Ⅱ、Ⅲ、Ⅳ就是 1∶1000 地形图的编号，如图 4.15 中的图幅乙，其编号为“20－10－Ⅳ－Ⅲ”。而图 9.10 中的 1∶500 地形图图幅丙，其编号为“20－10－Ⅳ－Ⅱ－Ⅱ”，同样是在 1∶1000 图幅编号的末尾分别加上罗马数字Ⅰ、Ⅱ、Ⅲ、Ⅳ而成的。

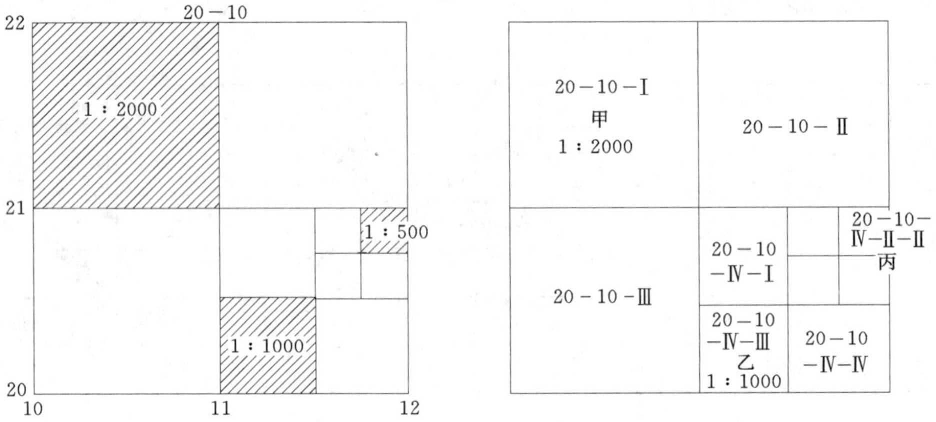

图 4.15 1∶5000～1∶500 地形图的分幅与编号

练 习

1. 何谓比例尺？比例尺有哪几种？

2. 何谓比例尺精度？1∶5000 地形图的比例尺精度为多少？

3. 某单位要求测绘一幅图上能反映 0.05m 地面线段精度的地形图，测绘单位至少应选用多大比例尺进行测图？

4. 在 1∶2000 图上得 A、B 两点的长度为 0.1646m，则 A、B 两点实地的水平距离为多少米？

5. 何谓地物何地貌？在地形图上如何表示它们？

6. 判别下列物体哪些是地物？哪些是地貌？

山顶 停车场上公交车 挖渠堆集的土堆 峭壁 滑坡 水准点 河中的捞沙船

7. 何谓首曲线和计曲线？

8. 某幅地形图的等高距为 2m，图上绘有 38、40、42、44、46、48、50、52 等 8 条等高线，其中哪几条为计曲线？

9. 我国某地一幅 1∶5000 的地形图位于国际编号为 G50 的图幅中第 11 行、22 列，写出该幅地形图图幅的国际编号为多少？

学习情景2 地形图测量方法

目前数字测图的方法一般采用测记法，测记法就是利用全站仪或GPS－RTK在野外测定地形点的点位信息，用草图、简码记录其绘图信息，然后将测量数据传输到计算机，经过人机交互进行数据、图像处理，最后编辑成图。测记法作业时采用无码作业或有码作业两种模式。

学习单元2.1 无 码 作 业

无码作业又称“草图法”，草图法全站仪数据采集，每作业组一般需仪器观测员（兼记录员）1名，绘草图领镜（尺）员1名，立镜（尺）员1～2名，其中绘草图的领镜员是作业组的指挥者，需技术全面的人担任。

进入测区后，绘草图领镜（尺）员首先对测站周围的地形、地物分布情况大概看一遍，认清方向，及时按近似比例勾绘一份含主要地物，地貌的草图（若在放大的旧图上会更准确的标明），便于观测时在草图上标明所测碎部点的位置及点号。仪器观测员指挥立镜员到事先选好的某点上准备立镜定向；自己快速架好仪器，选择测量状态，输入测量点号和定向点号、定向点起始方向值和仪器高；瞄准定向棱镜，定好方向后，锁定全站仪度盘，通知立镜者开始跑点。立镜员在碎部点立棱镜后，观测员及时瞄准棱镜，用对讲机联系、确定镜高（为保证测量速度，棱镜高不宜经常变化）及所立点的性质，输入镜高（镜高不变直接按回车键）、地物代码（无码作业时直接按回车键），确认准确照准棱镜后，按回车键。待仪器发出响声，即说明测点数据已进入仪器内存，测点的信息已被记录下来。

一般来讲，施测的第一个点应选在某已知点上，测后与原已知点坐标比较，若相符说明测站设置正确。否则应从以下几个方面查找出错原因：①测站点、定向点的点号是否输错；②现场坐标是否输错；③用以检测的已知点的点号、坐标是否有误。若不是这些原因造成错误，再查看所输的已知点成果是否抄错，成果计算是否有误，还有仪器、设备是否有故障等。总之，不排除错误，绝不允许往下进行。

《工程测量规程（GB 50026—2007)》规定，仪器安置的对中偏差不大于5mm。设站后实测其他控制点作为检核，检核点的平面位置误差不大于$0.2M\times10^{-3}$m（M为比例尺），高程较差不应大于1/6等高距。

碎部点测距的最大长度一般应按照表4.5的规定执行。如遇特殊情况，在保证碎部点精度的前提下，碎部点测距长度可适当加长。

表4.5 碎部点测距长度 单位：m

比 例 尺	1∶500	1∶1000	1∶2000
最大测距长度	200	350	500

野外数据采集时，由于测站离测点可能比较远，观测者与立镜员或绘草图者之间的联系离不开对讲机，测站与测点两处作业人员必须时时联络。观测完毕，观测员要告知立镜者，以便及时对照手簿上记录的点号和绘草图者标注的点号，保证两者一致。若不一致，

应查找原因。

测记法数据采集通常分为有码作业和无码作业。有码作业需要现场输入野外操作码，无码作业现场不输入数据编码，而用草图记录绘图信息。绘草图人员在镜站把所测点的属性及连接关系在草图上反映出来，以供内业绘图处理和图形编辑之用。

草图的绘制要遵循清晰、易读、相对位置准确、比例一致、属性记录完整的原则。草图示例如图4.16所示。图中为某测区在测站1、2上施测的部分点。测点时对同一地物要尽量连续观测（如图中6～9点、12～16点），以方便草图注记和内业绘图，又要兼顾测点附近其他碎部点的测量，争取把一块块的小区域测量清楚。绘草图人员对每一测站的测量内容要心中有数，不要单纯为测量一个地物跑得太远。

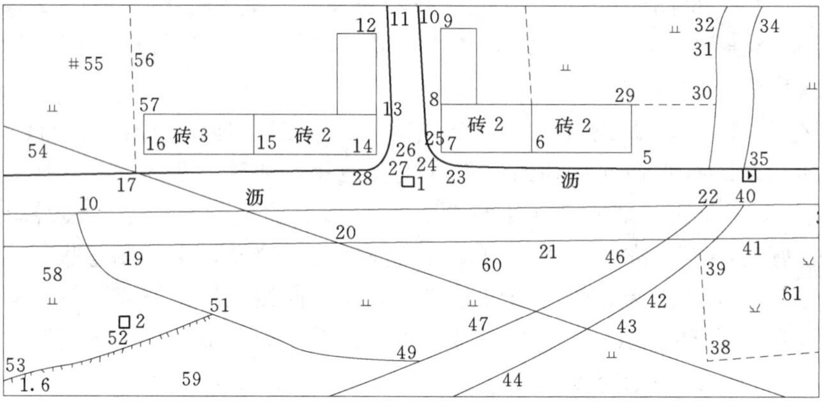

图4.16　草图示例

在野外采集时，要按《工程测量规程》（GB 50026—2007）的规定，对要素进行取舍。要分析地物图形的几何特征，对能用几何作图计算方法确定的点位可不予测量。对需要测量的点位则要尽可能用全站仪极坐标法或照准偏心法测出。实在观测不到的点可用勘丈法测量，将量测的数据记录在草图上，室内用交互编辑方法成图。采集线状地物时，要适当增加碎部点密度，以保证曲线准确拟合。

在进行地貌采点时，可以用一站多镜的方法进行。一般在地性线上要有足够密度的点，特征点也要尽量测到。例如在山沟底测一排点，也应在山坡边再测一排点；测量陡坎时最好在坎上和坎下都测点，这样生成的等高线才没有问题。在其他地形变化不大的地方，可以适当放宽采点密度。

若进行空间数据库建库项目的测绘，应根据需要或建库要求采集所需的属性数据。属性项的数据类型、代码和记录格式可自行规定，并应在技术设计书或相关技术文件中说明。

一个测站上的测量工作完成后，绘草图人员对所绘的草图要仔细检核，主要看图形与属性记录有无疏漏和差错。立镜员要找一个已知点重测进行检核，以检查施测过程中是否存在误操作、仪器碰动或出故障等原因造成的错误。检查完，确定无误后，关闭仪器电源，搬站。到下一测站，重新按上述采集方法、步骤进行施测。

学习单元2.2 简 码 作 业

简码作业工作方式也称“带简编码格式的坐标数据文件自动绘图方式”，与草图法在野外测量不同的是，每测一个地物点都要在电子手簿或全站仪上输入地物的简编码，简编码一般是有一个字母和一或两位数字组成。

1. 简码作业外业采集作业步骤

(1) 设站后瞄准零方向定向。

(2) 建立采集数据文件：如J0101.DAA，第一位表示观测员的姓；第二、三位表示观测月份；第四、五位表示观测文件序号。

(3) 观测碎部点，获取其三维坐标。

(4) 输入该点的简码信息。如图根支点用“CP”表示；房角点用“F”表示；高程点用“GC”表示；连线符号用“—”表示等。

(5) 存入该点的三维坐标。

(6) 观测结束后保存文件退出。

(7) 重复以上步骤。

2. 简码记录作业技巧

(1) 快捷码设置不宜过长，越短越好，最好是一位。

(2) 司镜员与观测员灵活配合，简码变换越少越好。

(3) 若有重合点应尽量利用重合码。

(4) 若能够记住地物顺序应尽量利用隔物跳点码。

(5) 考虑设置一个本测区没有的地物（如盐井）作万能码。

(6) 灵活结合成图软件编辑功能，多打关键点、不作无用功。

学习情景3 地 形 数 据 采 集

学习单元3.1 全站仪坐标数据采集

全站仪的基本功能前面已做详细介绍，现只以拓普康GTS－211D为例来讲解“全站仪数据采集”的操作步骤。

3.1.1 数据采集准备工作

1. 测站设置

在特殊模式下，选择F1（DATA COLLECT），仪器进入数据采集工作状态。首先提示输入数据采集文件名。

```
SELECT A FILE
FN: ---------
INPUT LIST——ENTER
```

这个文件名可在“LIST”下通过按▲或▼键上下滚动文件目录，选定一个文件名；也可直接输入文件名。随后在数据采集菜单2/3下，输入测站点数据（测站点坐标、仪器高等）及后视点数据（后视点坐标或定向角度、目标高等），照准后视点。选择“测量”，即完成测站设置。

测站点数据可由以下两种方法设定：

（1）利用内存中的坐标数据来设定。

（2）直接由键盘输入。

后视点数据可按如下三种方法设定：

（1）利用内存中的坐标数据设定。

（2）直接键入后视点坐标。

（3）直接键入定向方向角。

2. 参数设置

进行数据采集之前，应进行有关参数设置，如选择精测模式、单次测距、记录数据前要确认测量结果、先输入有关数据后进行测量（EDIT→MEAS）、退出数据采集模式时（ESC）自动将测量数据转换成坐标数据文件等。参数设置在数据采集菜单 3/3 下进行，按（CONFIG）键，显示 CONFIG 菜单 1/2 或 2/2，逐一设定。

3. 内存空间

野外数据采集之前，应检查全站仪的内存空间大小，删除无用的文件。如全部文件无用，可将内存初始化。

3.1.2 “全站仪数据采集”的操作步骤

1. 输入控制点坐标

使用 GTS－211D 全站仪在野外采集数据时，可以先在室内将图根控制点坐标存入 GTS－211D 全站仪，以减轻测站安置工作量。先由主菜单中的内存管理（MEMORY MGR）进入坐标输入（COORD. INPUT）状态。

（1）输入便于记忆的文件名（如测量日期、测量地点或姓名的声母）。

（2）输入点号 PT＃，一般从 1 开始（也可以是字符串点名）。

（3）依次输入 $N(x)$、$E(y)$、$Z(H)$ 坐标数据。

（4）输入完坐标后，进入下一个点的输入，点号 PT＃自动加 1。

若键入的内容有误，可在存储管理菜单中，通过删除文件的坐标数据菜单（DELETE COORD）删除有误的坐标。

2. 安置仪器

在测站点上安置仪器，对中、整平后，按下仪器电源开关 POWER 键，转动望远镜，使全站仪进入观测状态，再按 MENU 键，进入主菜单。

3. 输入数据采集文件名

在主菜单下，选择数据采集 F1(DATA COLLECT)，输入数据采集文件名。这个文件名与内业输入控制点坐标的文件名相同。第一次作业时需直接键入（INPUT），在以后的作业中也可以从库里查找（LIST）。若内业没有输入控制点的坐标文件，这时要输一个便于记忆的数据采集文件名，按 ENT 键结束。

4. 输入测站点数据

在数据采集菜单 1/3 下，选择 F1(OCC. PT＃INPUT)，分别输入测站点的点号

(PT＃)或坐标（N，E，Z)、测站编码（ID)、仪器高（INS. HT)。按F4(OCNEZ）键入测站点点号或坐标。是输入点号还是直接输入坐标，由F3(NEZ）切换。最后按ENT键输入。若采用无码作业，测站上可不输入编码（ID)，用▼键跳过去；若测平面图，仪器高（INS. HT）可不输入。

5. 输入后视点（定向点）数据

在数据采集菜单1/3下，按F2(BACKSIGHT）键进入后视点（定向点）数据设置状态。按F4(BS）键即可输入定向点坐标或定向角，通过按F3(NE/AZ）键可使输入方法在坐标值、设置水平角和坐标点名之间交替切换。另外，在后视点数据设置（BACK-SIGHT）状态下，按▼键、▲键，可选择输入后视点编码和目标高（棱镜高)。

6. 定向

当测站点数据和后视点数据输入完成后，按F3（MEAS）键，再照准后视点，选择一种测量模式，如按F2（SD）键，进入斜距测量，按F3（NEZ）键，进入坐标测量。这时，水平度盘自动设置为后视点的方位角值。然后返回数据采集菜单1/3。

7. 碎部点测量

在数据采集菜单1/3下，按F3(FS/SS）键即开始碎部点测量。照准目标（棱镜)，依次输入点号、编码、目标高（镜高)，开始测量、记录。测完第一个碎部点后，点号自动加1，照准下一个目标，若棱镜高和编码都不变，选择（ALL）即与上点相同的测量。

8. 注意事项

(1）测站设置好后，应先测一个已知点检核，以确保测站设置无误。检测点的结果不要记录，即选择“NO”。

(2）碎部点记录的点号一般从1号开始，以后自动累加。若提前存有N个坐标数据，碎部点记录的点号应从（$N+1$）号开始。

学习单元3.2 RTK 数 据 采 集

RTK(Real－time kinematic）实时动态差分法。这是一种新的常用的GPS测量方法，它采用了载波相位动态实时差分方法，能够在野外实时得到厘米级定位精度的测量方法，是GPS应用的重大里程碑。它现在已成为数字测图野外数据采集的一种重要手段，极大地提高了外业作业效率。本节内容以南方灵锐S82为例讲解RTK野外数据采集流程。

3.2.1 仪器的安置

1. 基准站安装

(1）在基准站架设点上安置脚架，装上基座对点器，再将基准站主机连接器置于基座之上连接，对中整平。

(2）安置发射天线和电台，建议使用对中杆支架，将连接好的天线尽量升高，再在合适的地方安放发射电台，用多用途电缆和扩展电源电缆连接主机，电台和蓄电池。

(3）检查连接无误后，打开电池开关，再开电台和主机开关，并进行相关设置。

2. 移动站安装

(1）连接碳纤对中杆，移动站主机和接收天线，完毕后主机开机。

（2）安装手簿托架，固定数据采集手簿，打开手簿进行蓝牙连接，连接完毕后即可进行仪器设置操作。

3. 开机与关机

开机：当主机为关机状态，轻按电源键，主机会进入初始化状态。移动站主机开机后，如果持续一分钟未能正常收到基准站的差分信号，则主机自动启动 Auto Rover 功能，蜂鸣器将间隔几秒鸣叫一次，表示主机在自动切换电台通道，搜索差分信息。

关机：当主机为开机状态（电源灯亮），按住电源键，听到蜂鸣器鸣叫三声之后，立刻松开电源键，主机关机。

4. 仪器设置

（1）手工设置。不论基准站还是移动站，主机的工作模式都有三种，即动态模式、静态模式和蓝牙模式。并且都可以通过手工来对工作模式进行设置，具体设置方法如下。

1）首先让接收机处在开机状态，刚开机的主机需要等一段时间，使接收机完成初始化过程，再进行工作模式设置操作。

2）长按电源键，几秒钟之后，蜂鸣器首先会鸣响三声，接着沉寂 6s，电源灯熄灭。若再接着鸣响一声，即松开电源键，主机关机。再开机，主机的工作模式将被设置为动态。如果在电源灯熄灭后听到两声鸣响，松开电源键关机。再次开机，主机的工作模式将被设置为静态。若听到三声鸣响才松开电源键关机，那么再次开机，主机的蓝牙完成初始化，则主机的工作模式将被设置为蓝牙状态。

（2）手簿设置。在手簿中只能对接收机进行动态转静态的设置，不能进行静态转动态的设置。当用手簿切换成静态模式时，还能对静态采集参数进行设置，包括：采集间隔、卫星截止角和开始采集的 PDOP 条件。而用手动切换成静态，静态采集参数则沿用默认的设置参数。

若设置的是静态模式，数据链灯和电源灯会长亮，等待搜星达到要求时，开始记录历元，状态指示灯会按采集时间间隔闪烁（如果不设置，默认为 5s）。

若设置的是动态模式，开机后，当 PDOP 小于 2.5 或接收卫星数大于 8 颗且 PDOP 小于 4.5，基准站即会自动进入发射模式。移动站在动态模式下直接开机，系统会自动搜索差分信息，并锁定通道。

使用S82 进行野外数据采集，除需对主机进行前述基本操作外，还需用手簿和相应软件进行输入、坐标转换计算、输出、存储等功能操作。

3.2.2 介绍工程之星软件

工程之星 RTK 野外测绘软件是南方公司专为灵锐一体化 RTK GPS 测量系统开发的控制采集手簿软件。它以工程化、图形化的界面形式设计了 RTK 测量中常用的碎部测量、点放样、线放样等功能，而且还增加了曲线放样、线路放样以及电力线放样等功能。其蓝牙无线控制技术确保了 RTK 流动站高效可靠的野外测量工作，减少了通过电缆连接到设备的诸多麻烦。

这里主要介绍工程之星与数据采集有关的菜单的基本功能。

1. 工程之星主界面

工程之星软件是窗口式下拉菜单，运行工程之星软件，进入主界面视图如图 4.17 所示。主界面窗口分为四个部分：菜单栏、快捷按钮、测量视窗、状态栏。

屏幕上端的菜单栏集成了所有菜单命令，内容分为工程、设置、测量、工具、关于五个部分。

屏幕左右两侧的快捷按钮是方便软件操作而设计的软件菜单快捷方式。

屏幕中间的测量视窗是测量图形显示界面，窗口左上角显示的是数据链通讯状态，左下角为从主机中读出的 GPS 时间，右上角为北方向指示，右下角为测量窗显示比例尺。在测点以后测量窗会显示测点的位置。

屏幕下方的状态栏显示的是当前移动站接收机点位的测量坐标信息和差分解的状态，及平面和高程精度情况。

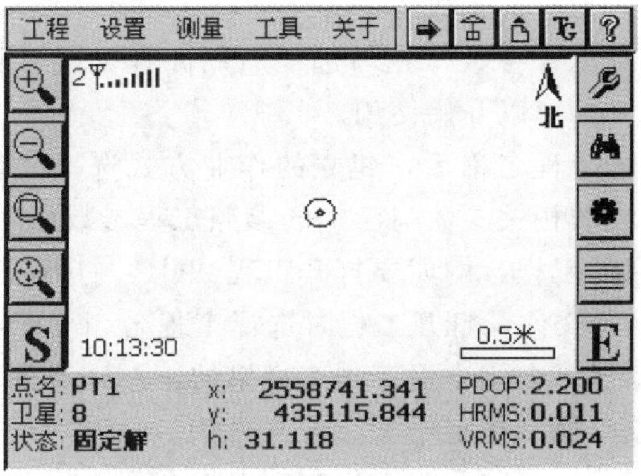

图 4.17 工程之星主界面

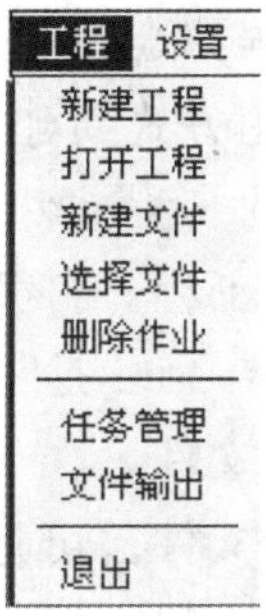

图 4.18 工程菜单

2. 工程之星的菜单

(1) 工程菜单。单击“工程”，出现如图 4.18 所示的工程下拉菜单界面。工程菜单中包括八个子菜单：新建工程、打开工程、新建文件、选择文件、删除作业、任务管理、文件输出、退出。

工程之星是以工程文件的形式对软件进行管理的，所有的软件操作都是在某个定义的工程下完成的。第一次打开工程之星软件时，软件会进入系统默认的工程 srtk，并同时在系统存储器（SystemCF）的 srtk 目录下自动生成工程文件 srtk.ini（ini 文件为工程文件）。以后每次进入工程之星软件，软件会自动调入最后一次使用工程之星时的工程文件。一般情况下，每次开始一个地区的测量施工前都要新建一个与当前工程测量所匹配的工程文件。

1) 新建工程。新建工程的方式有“向导”和“套用”两种（图 4.19）。使用向导方式新建工程时，首先在作业名称里面输入所要建立工程的名称，再按照参数设置向导的提示，依次进行以下设置。

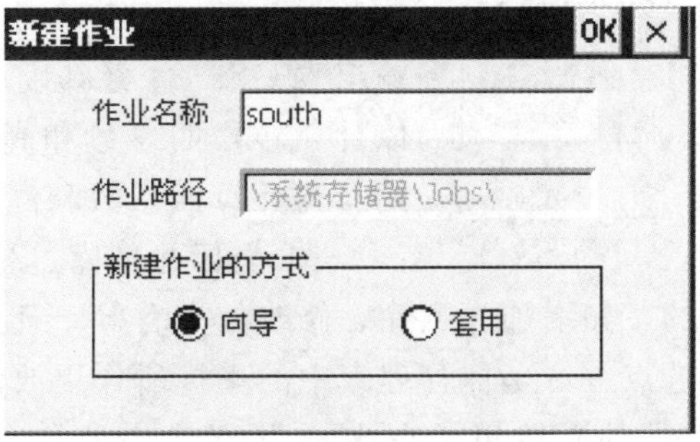

图 4.19 输入工程名对话框

椭球系：系统默认的椭球为北京 54，可供选择的椭球系还有国家 80、WGS－84、WGS－72 和自定义五种。如果选择的是常用的标准椭球系，例如北京 54，椭球系的参数已经按标准设置好并且不可更改。如果选择用户自定义，则需要用户输入自定义椭球系的长轴和扁率定义椭球。

投影参数：输入当地的中央子午线、X 坐标加常数、Y 坐标加常数等。如果不启用四参数、七参数和高程拟合参数，则工程已经建立完毕。

四参数设置：如果需要使用四参数，先在对话框中勾选“启用四参数”，然后输入已有的四参数。

七参数设置：如果需要使用七参数，先在对话框中勾选“使用”，然后输入已有的七参数。

四参数与七参数概念在本节“工具菜单”部分予以介绍。四参数和七参数不能同时使用，输入其中一种参数后，不要再输入另一种参数。

高程拟合参数：如果需要使用高程拟合参数，先勾选“启用高程拟合参数”，然后输入已有的高程拟合参数，工程建立完毕，可以开始使用。

使用套用方式新建工程时，在输入工程名称后，建立的作业方式选择“套用”，选择好套用参照的工程文件，则该新建工程的相关参数与已选的参照工程参数相同。

2）打开工程。打开一个已经存在的工程，例如要打开工程 0901，打开 Jobs→0901→0901. ini，0901. ini 是一个系统参数设置文件，打开工程时选择工程名 . ini 即可。

3）新建文件。在一个工程中可新建多个用来保存测点成果的 *. dat 文件。

4）选择文件。可把测量点的数据存储到指定的 *. dat 文件中。

5）删除工程。可以删除指定的作业。删除后该工程文件夹将全部删除。

6）文件输出。可将测量成果以不同的格式输出（不同的成图软件要求的数据格式不一样，例如南方测绘的成图软件 CASS 的数据格式为：点名，属性，Y，X，H）。

（2）设置菜单。设置菜单中共包括九个一级菜单：测量参数、控制点坐标库、坐标管理库、经纬度库、移动站设置、其他设置、仪器设置、电台设置、连接仪器（图 4.20）。

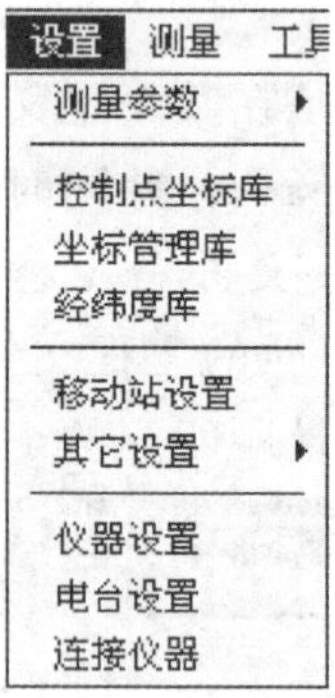

图 4.20 设置菜单

1）测量参数。由于 GPS 接收机直接输出来的数据是 WGS－84 的经纬度坐标，需要转化到施工测量坐标，这就需要软件对参数进行设置，包括投影参数、四参数、七参数、高程拟合参数、校正参数。测量参数涉及投影设置以及相关的转换参数设置。新建工程时向导会引导用户设置这些测量参数，也可以直接在此菜单中完成设置。

2）控制点坐标库。控制点坐标库可存放坐标转换和施工所需要的控制点，并实现四参数和高层拟合参数的计算。当需要将 GPS 接收机输出 WGS－84 经纬度坐标转化为施工测量坐标时，用控制点坐标库可以计算转换四参数和高程拟合参数。可以方便直观地编辑、查看、调用参与计算四参数和高程拟合参数的校正控制点。

3）坐标管理库。坐标管理库是用来管理测量特征点（碎部点）坐标的，如增加、删除、修改、查看等。凡是涉及要输入坐标的地方，都可以进入坐标管理库选点。对坐标管理库中的坐标所作更改的结果保存在坐标管理库里面，即在格式为“*. lib”的文件里，在坐标管理库中所作的更改对原始坐标文件（即“*. dat”和“*. RTK”的文件）不起作用，原始坐标文件的数据不会有变化。

4）经纬度库。经纬度库是查看和调用特征点经纬度的点库。其基本操作和坐标管理一致。

5）移动站设置。设置移动站主机的解算精度水平和差分数据格式。解算精度水平默认为 high（窄带解），也可以在此改成 common（宽带解）。High 为通用的解模式精度较高。但是当测量工作环境不是很好且对测量结果精度要求不高的情况下，选择 common 得到固定解的速度会更快。默认的差分数据格式为：RTCA，同时软件提供另外两种数据格式为 RTCM、CMR。只要保持基准站和移动站的数据通讯格式是相同的，仪器设置就是正确的。

6）其他设置。在其他设置中共有三项设置：存储设置、卫星限制、移动站天线高。

存储设置主要设置特征点坐标的存储类型和自动存储的条件：一般存储，即对点位在某个时刻状态下的坐标进行直接存储；平滑存储，对每个点的坐标多次测量取平均值；自动存储，即按设定的记录条件自动记录测量点；偏移存储，类似于测量中的偏心测量，记录的点位不是目标点位，根据记录点位和目标点位的空间几何关系来确定目标点。

卫星限制通过输入高度截止角以屏蔽低高度角的卫星。一般最高的截至角设置都在20°以下。

输入移动站的天线高，并勾选直接显示实际高程，这样在测量屏幕上显示的便是测量点的实际高程。在进行测点时，当天线高不变的情况下不需要另外输入天线高。

7）仪器设置。仪器设置指设置主机的工作状态为动态还是静态。动态模式可以进行基准站设置。连接基准站主机并选择“动态模式”时，界面菜单显示的是进行基准站手动设置菜单；连接移动站主机并选择“动态模式”时，界面会退回到测量主界面。

动态模式中可以采用两种方式进行基准站设置。一种是单点定位坐标，另一种是手工输入坐标。需要特别说明的是 GPS 主机只识别 GPS 的 WGS－84 的经纬度坐标，单点定位是把 GPS 当前某一瞬间测出的 WGS－84 的经纬度坐标输送给 GPS 主机；手工定位是把已知的 WGS－84 的经纬度输送给主机。因此在不知道基准站所在点位的 WGS－84 的经纬度坐标或相应的 WGS－84 的直角坐标时不要使用手工输入模式。否则可能导致基站不能正常工作，发射差分也将不正常。

使用单点定位坐标启动基准站的方法：

a. 选择“自动启动基站参数设置”，进入下一步。

b. 进行基准站发射间隔、差分数据格式、卫星截止角和 PDOP 值限制等参数设置。建议都使用默认设置，除非当前卫星的 PDOP 值大于 3 时可以适当放宽限制（PDOP 值大于 3 时，卫星条件就比较差，会在一定程度上影响移动站固定解的速度）。

c. 确认设置后，按“OK”键。过大概 2s 后会提示“基准站设置成功”。若出现“自动启动基站参数设置完成”的信息，则表明自动启动基站设置成功，正常情况下查看电台有无按照设定的发射间隔正常发射之后，即可将软件正常退出。

自动设置基准站的操作和主机自动启动基准站设计原理是相同的，主机的自动启动基准站设置在卫星条件达到要求的情况下将自动完成采集单点定位点的 WGS－84 经纬度坐标并设置主机进行基准站工作的一系列操作步骤。

8）电台设置/网络连接。此菜单主要完成主机数据链的相关设置。软件在不连接主机或连接数据链为电台的主机时此界面形式为“电台设置”，软件连接上数据链为网络的主机时此界面显示为“网络连接”。电台设置菜单的操作仅对移动站有效，可指定切换通道或自动搜索。通道号的范围为 1～4，如果在一个地区的基准站数量超过 4 个，就需要使用软件对通道进行频点的设定，才能保证各基准站能正常的工作。

网络连接是基于 VRS（虚拟参考站）并以网络通讯为数据链的新的 RTK（实时动态差分法）测量技术。

9）连接仪器设置。连接设置主要完成手簿和主机的通讯设置。手簿和主机的连接有两种方式：线连接和蓝牙连接。多数情况下使用的是蓝牙连接，蓝牙模块已经内置在手簿里。当使用蓝牙模块时，端口使用 3，而通过串口线进行连接时，端口应为 1。

（3）测量菜单。测量菜单包含测点，放样，纵、横断面测量三个方面的内容。这三方面的内容又分为目标点测量、自动存储、点放样等八个子菜单（图 4.21）。本节仅就数字测图中常用的目标点测量与自动存储两部分内容作介绍。

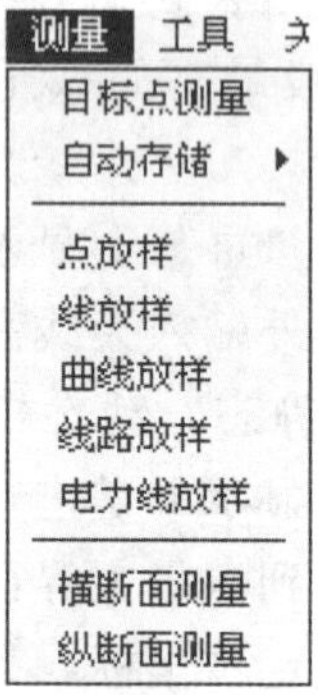

图 4.21 测量菜单

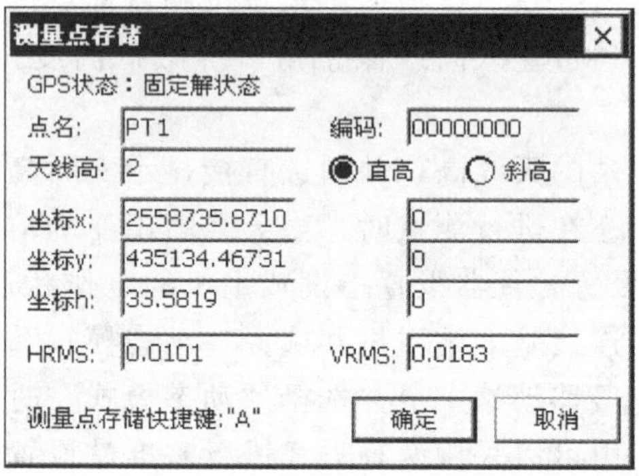

图 4.22 点存储

1）目标点测量。在工程之星主界面（图 4.22）中间位置显示的符号由圆圈和三角两种显示方式，当天线位置静止不动，或移动的范围小于 2cm，则以带中心点的圆圈表示，当天线移动的时候，显示位置为三角形，三角形的锐角方向为移动的方向。

选择目标点测量或在测量界面下按快捷键“A”，则弹出如图 4.23 所示的点存储对话框，存储当前点坐标。默认点名为 PT1（可输入更改），输入天线高，单击“确定”，该点即可保存。继续存点时，点名将自动累加，如图 4.36 所示高程“坐标 H”值为“33.5819”，这里看到的高程为天线相位中心的高程，当这个点保存到坐标管理库里以后软件会自动减去 2m 的天线高，我们再打开坐标管理库看到的该点的高程即为测量点的实际高程。

2）自动存储。自动存储功能将按照设定记录条件自动记录坐标。自动存储条件有 Single（单点解）、DGPS（差分解）、Float（浮点解）和 Fixed（固定解）四种选择，如图 4.23 所示。一般状况下我们选择自动存储条件为 Fixed（固定解）。根据需要选择是按时间还是按距离来存储，然后输入相应的间隔，单击右上角的“OK”，自动存储设置完成。

设置好记录条件后，单击“开始存储”就开始记录，单击“停止存储”将结束自动存储。

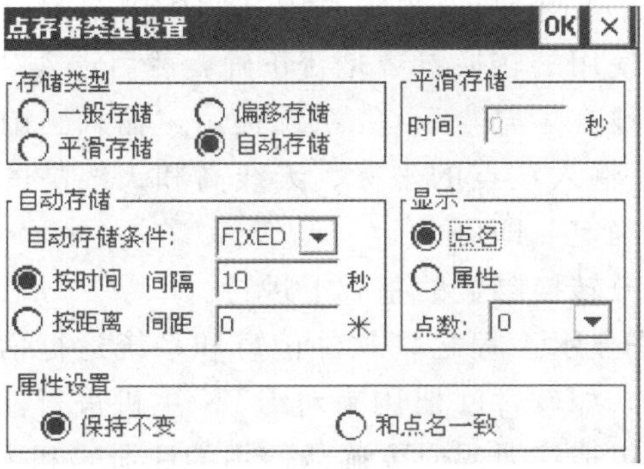

图 4.23　自动存储设置

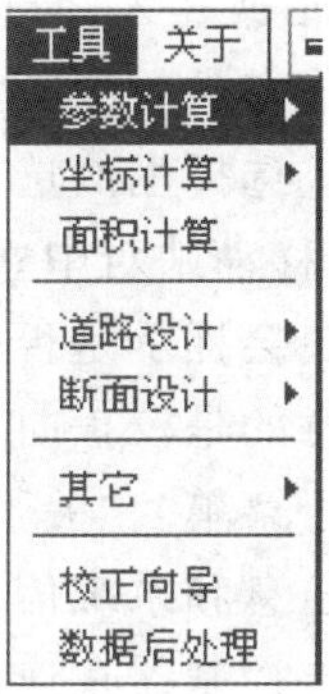

图 4.24　工具菜单

(4) 工具菜单。工具菜单提供了测量施工经常用到的一些测量小工具，包括参数计算、坐标计算、面积计算等，如图 4.24 所示。本节仅就数字测图常用的参数计算和校正导向两项功能做一些介绍。

1) 参数计算。参数计算包括四参数和七参数计算，两种计算操作方法类似，都是按照软件提示输入几组公共点的施工测量已知坐标和 GPS 原始坐标后系统自动计算参数值并保存。

四参数是同一个椭球内不同坐标系之间进行转换的参数。在工程之星软件中的四参数指的是在投影设置下选定的椭球内 GPS 坐标系和施工测量坐标系之间的转换参数。需要特别注意的是参与计算的控制点原则上至少要用两个或两个以上的点，控制点等级的高低和分布直接决定了四参数的控制范围。经验上四参数理想的控制范围一般都在 20～30km^2 以内。四参数的使用方法遵循经典测量控制网的使用原则。

七参数是分别位于两个椭球内的两个坐标系之间的转换参数。在工程之星软件中的七参数指的是 GPS 测量坐标系和施工测量坐标系之间的转换参数。计算七参数的操作和计算四参数的基本相同。七参数的应用范围较大（一般大于 50km^2），计算时用户需要知道三个已知点的地方坐标和 WGS－84 坐标。该三个点组成的区域最好能覆盖整个测区，这样的效果较好。

2) 校正向导：由于基准站启动时获得的 WGS－84 经纬度具有相对不确定性，使得在求解转换参数时必须首先确定一组公共控制点的 WGS－84 经纬度坐标，这组坐标一旦确定以后每次启动基准站时都要使用这一组 WGS－84 经纬度坐标，否则使用转换参数时的显示坐标和实际施工坐标间就会存在一个固定偏差，这个偏差是由所取的基准站 WGS－84 经纬度坐标和用来计算转换参数的 WGS－84 经纬度坐标之间的差异产生的。工程之星软件通过一个公共已知点求出的转换参数（称为“校正参数”）来克服这个固定偏差。

a. 基准站架在已知点校正。当移动站收到基准站架设在已知点自动发射的差分信号以后软件进行以下操作：①在参数浏览里先检查所要使用的转换参数是否正确，然后进入“校正向导”；②选择“基准站架设在已知点”，输入基准站架设点的已知坐标及天线高，并且选择天线高形式，输入完后即可点击“校正”并“确认”即可。

b. 基准站架在未知点校正。当移动站在已知点水平对中并达到固定解以后软件进行以下操作：①在参数浏览里先检查所要使用的转换参数是否正确，然后进入“校正向导”；②在校正模式选择里面选择“基准站架设在未知点”；③系统提示“输入当前移动站的已知坐标”，将移动站对中立于已知点上，输入该点的坐标、天线高和天线高的量取方式后“校正”，系统会提示是否校正，单击“确定”即可。

需要注意的是校正向导要在已经打开转换参数的基础上进行。

(5) 关于菜单。“关于菜单”是用来显示工程之星软件信息和系统运行信息，有软件注册、软件信息和系统信息三个菜单项，如软件注册用来对 RTK 主机进行注册。注册时需要接收机与控制器在连机状态进行。申请注册码时要确认使用的注册码和主机机号是否匹配。注册时要明确的注册码的有效期限，是试用码还是永久码，注册使用期限可以在“软件信息”里面查看到。

软件信息显示软件的版权信息和开发者的联系方式，下方还有主机内部串号和注册使用截止日期。

系统信息显示系统当前运行时的内存状况。

3.2.3 RTK 数据采集

1. S82 RTK 数据采集的步骤

根据坐标转化方式的不同，RTK 数据采集作业的操作是非常灵活的，下面是使用工程之星软件进行数据采集的一种通常的做法。

(1) 手簿上打开工程之星（手簿与主机连接为内置蓝牙连接），如果手簿上状态为无数据，则表示手簿与主机未连接成功，退出工程之星，手簿热启动一次，再次打开工程之星连接。

(2) 手簿上的状态为固定解的状态后，新建一个工程。依次按要求填写或选取以下工程信息：工程名称、椭球系名称、投影参数设置。四参数设置、七参数设置和高程拟合参数设置未启用可暂不填写。

工程文件将保存在“\ FlashDisk \ Jobs \ ”目录下。

(3) 开始校正作业：校正方法有两种，即基准站架已知点或未知点上。

1) 基准站架已知点。启动“校正向导”，按提示输入基准站坐标和基准站仪器高（此时移动站可安置在任意点固定不动，并且为固定解状态），单击“校正”即已完成单点校正作业（单击校正获得两个坐标系间三个移动参数。在基准站与移动站距离很近的情况下，用“三参数”进行坐标转换是可行的）。如果作业距离比较远，则要用两点校正（采用两点校正可自动获得并启用“四参数”）。两点校正步骤，第一点步骤同前，第二点校正时，移动站需安置在一已知点上。启动校正向导，第一个界面跳过（单击“下一步”），输入此已知点的坐标与移动站的仪高，单击“校正”即完成校正作业。

2) 基准站架未知点。步骤基本同上，按手簿软件提示来操作即可。

(4) 校正作业完成后，则可以开始进行数据采集。移动站置于碎部点，在测量点存储对话框中输入点名、天线高、编码，在手簿显示固定解后，直接按 A 键就可记录该点信息。继续测量时，点名将自动累加。

(5) 当基准站关机后，例如第一天的工作结束后，第二天在该区域重新施工时的操作步骤又分成两种情况：

1) 把基准站架设在已知点上。当移动站接收到基准站自动启动的差分信号并达到固定解后，在软件的工程项目中打开第一天所求四参数的项目，再进行“基准站架设在已知点”的校正后即可进行工作。

2) 基准站架设在未知点位时。移动站架设到已知点上对中整平，当接收到基准站自动启动的差分信号并达到固定解后，在工程之星软件的工程项目中使用第一天所求“四参数”的基础上再进行“基准站架设在未知点”的校正后即可进行工作。

(6) 数据采集完成后，手簿里面的数据要进行数据的后处理，把数据格式变为所需要的数据格式。通过电脑中装好 WINCE 通讯软件即可将数据传到电脑中进行绘图作业。

2. 快捷方式

碎部点测量是反复性的工作。为减少重复劳动，工程之星设计了各个界面的快捷方式、快捷键。快捷工具按钮如图 4.25 所示。

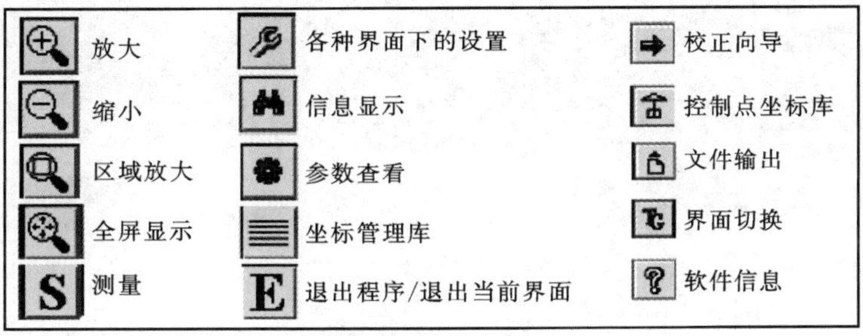

图 4.25 快捷工具按钮

学习情景4 地形成图软件简介

CASS7.0 是南方测绘仪器有限公司在 AutoCAD 上开发的新一代数字地形地籍成图软件。从开始的 CASS 4.0 到目前的 CASS7.0，期间经过了多次更新和完善，现已具有完备的数据采集、数据处理、图形生成、图形编辑、图形输出等功能，能较方便地完成数字化测图的各项工作；它还具有土方计算、断面图测绘、宗地图绘制、地籍表格制作、土地利用、图幅管理、与 GIS 对接等数字地图应用与管理等功能。

学习单元 4.1 CASS7.0 的运行环境

1. 硬件环境

CPU：PentiumⅢ或 PentiumⅣ（建议使用 PentiumⅣ以上）800MHz 或同等级。

RAM：512MB。图形卡要求 1024×768VGA 真彩色。

2. 软件环境

操作系统：Windows2000/xp 或更高版本。

平台：AutoCAD2004/2005/2006。

学习单元 4.2　CASS7.0 的 安 装

CASS7.0 软件的安装在上述版本 AutoCAD 安装成功后进行，打开 CASS7.0 安装文件 setup.exe 并双击开始安装，屏幕会出现如图 4.26 所示的安装界面。

图 4.26　安装界面

在软件安装向导的提示下，不断单击下一步按钮得到如图 4.27 所示的安装完成界面。

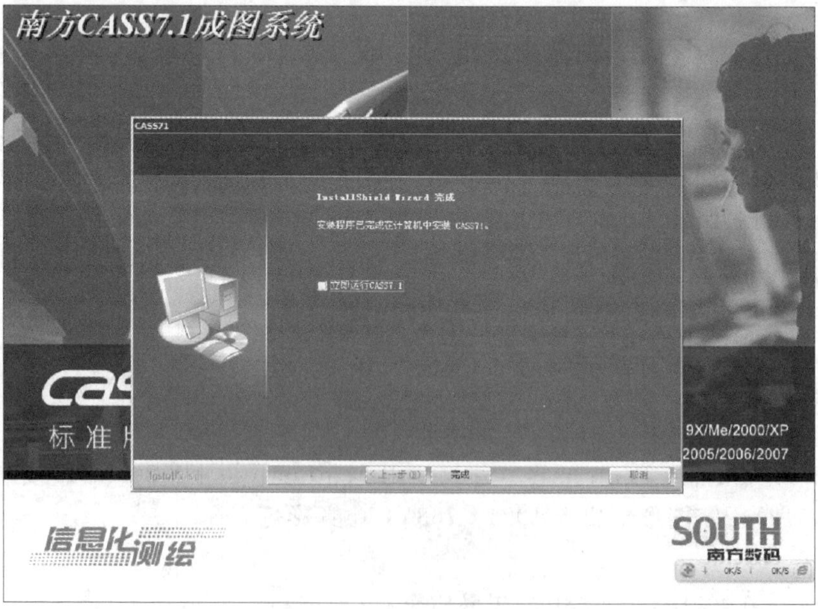

图 4.27　安装完成界面

学习单元 4.3　CASS7.0 主 界 面 介 绍

CASS7.0 界面友好，操作方便。主要包括：标题条、菜单、工具栏、状态条、图形窗口、文本窗口、命令行和十字光标等。其操作方法也与 AutoCAD 相同，只是菜单、工具栏的内容有所不同。

菜单包括菜单栏、屏幕菜单和光标菜单。

菜单栏包括文件、工具、编辑、显示、数据、绘图处理、地籍、土地利用、等高线、地物编辑、检查入库、工程应用、其他应用等 11 个。点击任一选项都会弹出相应的下拉菜单。

屏幕菜单主要用于绘图时选择定点方式和地物图层。

工具栏除了 CASS7.0 自己的工具条之外，还包括 AutoCAD 的部分工具条。工具栏同样包括固定工具栏、浮动工具栏和随位工具栏。其使用方法与 AutoCAD 相同。图 4.28 为 CASS7.0 的主界面。

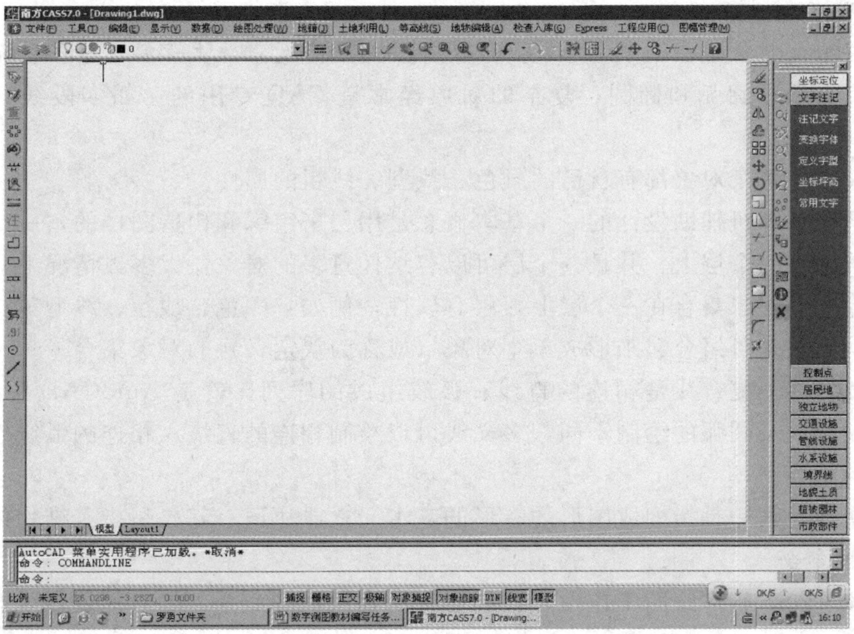

图 4.28　CASS7.0 主界面

CASS7.0 的 13 个主菜单功能。

(1) [文件]：主要用于控制文件的输入、输出，对整个系统的运行环境进行修改设定。

(2) [工具]：主要在编辑图形时提供绘图工具。

(3) [编辑]：主要通过调用 AutoCAD 命令，利用其强大丰富、灵活方便的编辑功能来编辑图形及管理图层。

(4) [显示]：提供观察一个图形多种方法及对象的三维动态显示，使视觉效果更加丰富多彩。

(5)[数据]：主要对数据导入导出、数据的编辑及对编码的编辑。

(6) [绘图处理]：确定比例尺、简码成图、高程信息的管理及分幅信息的生成、修改。

(7)[地籍]：主要是地籍图的绘制、编辑、修改及报表的生成与管理。

(8)[土地利用]：绘制行政区界，生成图斑等地类要素，对土地利用情况进行统计。

(9)[等高线]：建立数字地面模型，并绘制等高线或等深线，且进行等高线修饰。

(10)[地物编辑]：主要对地物进行加工编辑。

(11)[检查入库]：进行图形的各种检查以及图形格式转换。

(12)[工程应用]：主要对其坐标查询、面积计算、断面图绘制和土方量计算等。

(13)[其他应用]：主要是用来建立数据库，对图纸进行管理；数字市政监管和符号自定义。

学习单元 4.4 CASS7.0 系统常用概念及快捷命令

1. 常用概念

(1) 对象。对象是在一个 CAD 系统中制图的图形元素。大多数 CAD 系统支持的典型对象：点、线、圆弧和椭圆；复杂的对象经常是 CAD 专用的，如多段线、文字、标注、阴影和样条。

(2) 属性。每个对象都有自己的颜色、线型、线粗的属性。

(3) 层。计算机辅助设计的一个基本概念是用层来组织和构造图样的，一个图样的每个对象精确的在一个层上，并且一个层可以容纳任意多的对象，大多数情况下具有共同属性和共同作用的对象集合在一个层上，层有属性，例如：颜色、线粗、线型等。

(4) 块。块是可组合起来形成单个对象（或称为块定义）的对象集合。

(5) 复合线。复合线是相连的直线、弧线组成的序列，就是 AutoCAD 中的多义线。它与直线的绘制及圆弧的绘制不同，多义线可以绘制相连的直线、相连的弧线以及相连的弧和直线的组合。

(6) 实体：其一是指构成图形的有形的基本元素或注记；其二是指三维物体。

2. 快捷命令

在内业 CASS 软件绘图工作中，我们会常用到快捷键命令，如修改复合线的 N：批量拟合复合线；Y：复合线上加点。画图用到的 A：画弧；L：画线段；M：移动。这样可以达到键盘与鼠标的灵活运用，提高画图的效率，AutoCAD 和 CASS 系统常用命令与快捷键如表 4.6 所示。

表 4.6　　快捷键与命令表

快捷键	作用	快捷键	作用
DD	通用绘图命令	A	画弧
U	查看实体属性	C	画圆
S	加入实体属性	CP	拷贝
F	图形复制	E	删除

续表

快 捷 键	作 用	快 捷 键	作 用
RR	符号重新生成	L	画直线
H	线形换向	PL	画复合线
KK	查询坎高	LA	设置图层
X	多功能复合线	LT	设置线型
B	自由连接	M	移动
AA	给实体加地物名	P	屏幕移动
T	注记文字	Z	屏幕缩放
FF	绘制多点房屋	R	屏幕重画
SS	绘制四点房屋	PE	复合线编辑
W	绘制围墙	K	绘制陡坎
XP	绘制自然斜坡	G	绘制高程点
D	绘制电力线	I	绘制道路
N	批量拟合复合线	O	批量修改复合线高
WW	批量改变复合线宽	Y	复合线上加点
J	复合线连接	Q	直角纠正

学习单元4.5 数据传输及数据格式

全站仪测量碎部点的原始观测值为水平角 β、竖角 α 和斜距 S，在坐标测量模式选择下，通过全站仪或者电子手簿内置的计算程序自动计算各测量点的坐标并保存在仪器的存储器中。不同型号仪器的文件数据格式不尽相同，但文件的内容基本相同。数据传输的作用是完成电子手簿或带内存的全站仪与计算机两者之间的数据相互传输。

通过执行CASS7.0系统的“数据处理”菜单下“读入全站仪数据”或“电子手簿”命令完成，也可使用与仪器配套的数据传输软件进行数据通讯。

CASS7.0坐标数据文件是CASS最基础的数据文件，扩展名为“DAT”，只要是从CASS7.0支持的全站仪或电子手簿传输到计算机的数据，都会生成下列格式的坐标数据文件：

点名，编码，Y（东）坐标，X（北）坐标，高程。

文件内每一行代表一个点，各行第一个逗号前的数字，是该测点的点号。点号作为点的识别符，在数字化地形图的编辑中非常重要，若没有准确清晰的点号及其相互关系的记录，所有测点将是相互没有联系的离散点，不可能编辑成图。每个点的坐标和高程的单位均是m，要特别注意的是 Y 坐标在前，X 坐标在后。无码作业时，文件中的编码位置为空或为自定义的代码，此时的文件称为无码坐标数据文件。但是即使编码为空，文件中第二个逗号也不能省略。示例文件如下：

a1,，601.85，739.43，22.49

a2,，598.25，971.87，22.45

a3,，992.66，793.82，22.54

有码作业时，各点编码有如下约定：若该点是地形点（离散地貌点）则为空；若该点是地物点则为测点的简码；此时的文件称为有码坐标数据文件。示例文件如下：

3，w3，54097.81，31087.53，0

4，十，54103.34，31096.42，0

5，十，54108.82，31092.54，0

6，A50，54148.123，31221.42，494.52

7，a42，54168.84，31220.21，494.67

要特别注意的是：所有的逗号需要在半角方式下输入。

学习情景5 地 形 成 图 方 法

学习单元5.1 全站仪与CASS7.0的通讯方法（全站仪数据的下载）

（1）将全站仪通过适当的通讯电缆与微机连接好。

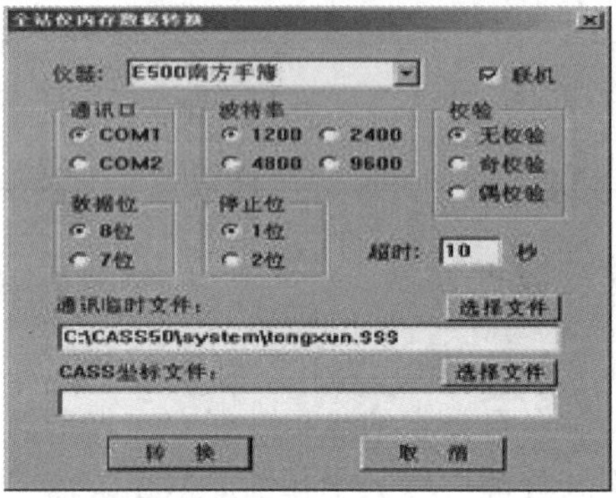

图4.29 全站仪内存数据转换的对话框

（2）移动鼠标至“数据通讯”项的“读取全站仪数据”项，该处以高亮度（深蓝）显示，按左键，出现如图4.29所示的对话框。

根据不同仪器的型号设置好通讯参数，再选取好要保存的数据文件名，进行点转换。

学习单元5.2 地形成图方法基本步骤

CASS7.0安装之后，我们就开始学习如何做一幅简单的地形图。本学习情境以一个简单的例子来演示地形图的成图过程；CASS7.0成图模式有多种，这里主要介绍“点号定位”的成图模式。

1. 定显示区

定显示区就是通过坐标数据文件中的最大、最小坐标定出屏幕窗口的显示范围。

进入CASS7.0主界面，单击“绘图处理”项，即出现如图4.30所示下拉菜单。然后移至“定显示区”项，使之以高亮显示，按左键，即出现一个对话窗如图4.31所示。这时，需要输入坐标数据文件名。可参考WINDOWS选择打开文件的方法操作，也可直接通过键盘输入，在“文件名（N）：”（即光标闪烁处）输入C：\CASS70\DEMO\STUDY.DAT再移动鼠标至“打开（O）”处单击。这时，命令区显示：

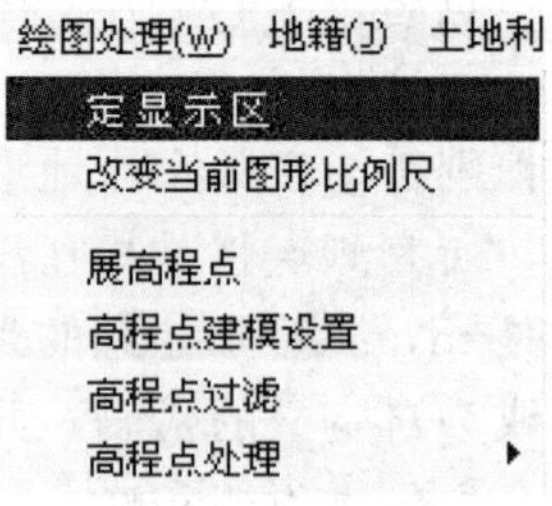

图4.30 “定显示区”菜单

最小坐标（米）：X=31056.221，Y=53097.691

最大坐标（米）：X=31237.455，Y=53286.090

2. 选择测点点号定位成图法

移动鼠标至屏幕右侧菜单区之“测点点号”项单击，即出现如图4.32所示的对话框。

输入点号坐标数据文件名C：\CASS7.0\DEMO\STUDY.DAT后，命令区提示：

读点完成！　共读入 106 个点

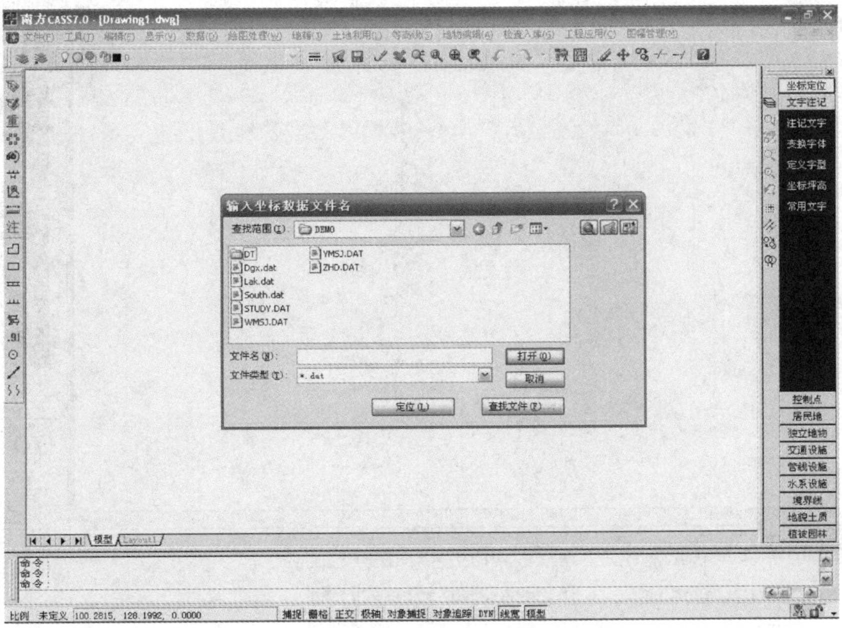

图 4.31　选择"定显示区"数据文件

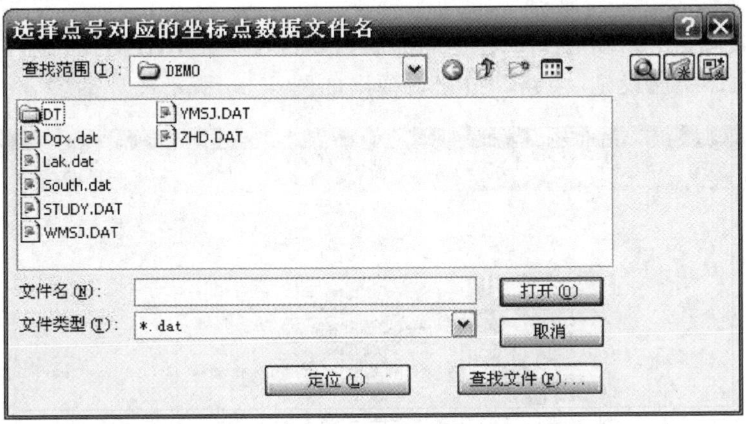

图 4.32　选择"点号定位"数据文件

3. 展点

先移动鼠标至屏幕的顶部菜单"绘图处理"项单击，这时系统弹出一个下拉菜单。再移动鼠标选择"绘图处理"下的"展野外测点点号"项，如图 4.33 所示，单击后，便出现如图 4.31 所示的对话框。

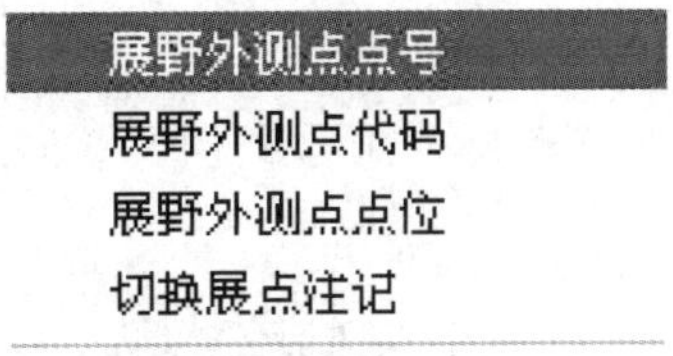

图 4.33　选择"展野外测点点号"

输入对应的坐标数据文件名 C：\CASS70\DEMO\STUDY.DAT 后，便可在屏幕上展出野外测点的点号，如图 4.34 所示。

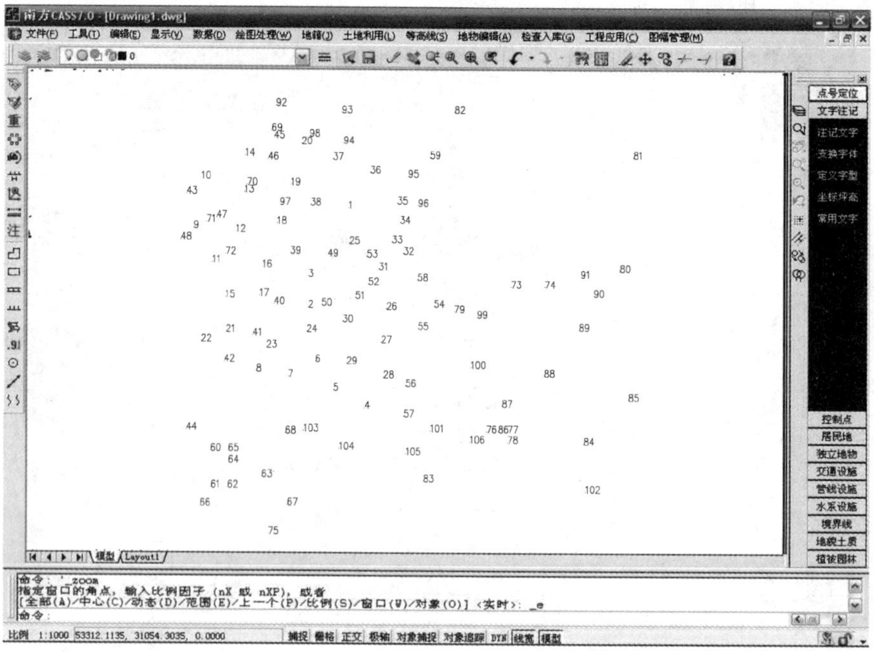

图 4.34 展点图

4. 绘平面图

灵活使用工具栏中的缩放工具进行局部放大以方便编图。我们先把左上角放大，选择右侧屏幕菜单的“交通设施/公路”按钮，弹出如图 4.35 所示的界面。

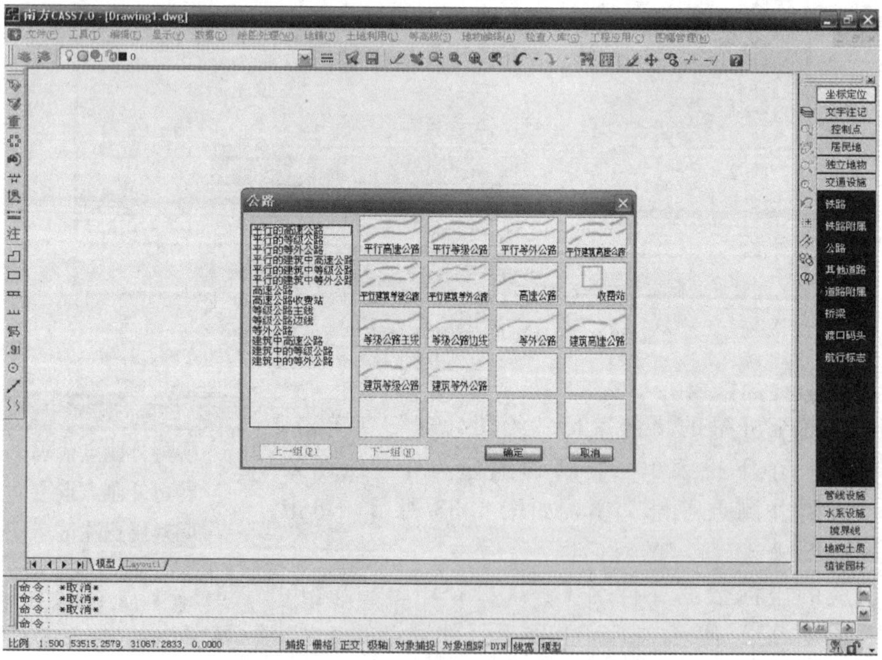

图 4.35 选择屏幕菜单“交通设施/公路”

找到“平行等外公路”并选中，再单击“OK”，命令区提示：

绘图比例尺 1:输入 500，回车。

点 P/〈点号〉输入 92，回车。

点 P/〈点号〉输入 45，回车。

点 P/〈点号〉输入 46，回车。

点 P/〈点号〉输入 13，回车。

点 P/〈点号〉输入 47，回车。

点 P/〈点号〉输入 48，回车。

点 P/〈点号〉回车

拟合线〈N〉?输入 Y，回车。

说明： 输入 Y，将该边拟合成光滑曲线；输入 N（缺省为 N），则不拟合该线。

1. 边点式/2. 边宽式〈1〉:回车（默认 1）

说明： 选 1（缺省为 1），将要求输入公路对边上的一个测点；选 2，要求输入公路宽度。

对面一点

点 P/〈点号〉输入 19，回车。

这时平行等外公路就做好了，如图 4.36 所示。

下面作一个多点房屋。选择右侧屏幕菜单的“居民地/一般房屋”选项，弹出如图 4.37 所示的界面。

选择“多点砼房屋”，再单击“OK”按钮。命令区提示：

第一点：

点 P/〈点号〉输入 49，回车。

指定点：

点 P/〈点号〉输入 50，回车。

闭合 C/隔一闭合 G/隔一点 J/微导线 A/曲线 Q/边长交会 B/回退 U/点 P/〈点号〉输入 51，回车。

闭合 C/隔一闭合 G/隔一点 J/微导线 A/曲线 Q/边长交会 B/回退 U/点 P/〈点号〉输入 J，回车。

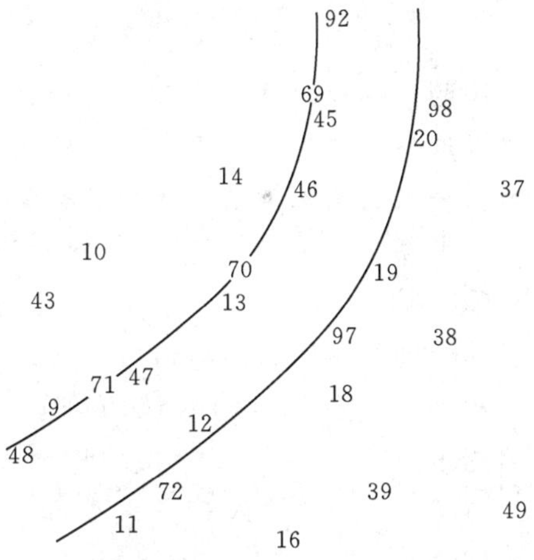

图 4.36 做好一条平行等外公路

点 P/〈点号〉输入 52，回车。

闭合 C/隔一闭合 G/隔一点 J/微导线 A/曲线 Q/边长交会 B/回退 U/点 P/〈点号〉输入 53，回车。

闭合 C/隔一闭合 G/隔一点 J/微导线 A/曲线 Q/边长交会 B/回退 U/点 P/〈点号〉输入 C，回车。

输入层数：〈1〉回车（默认输 1 层）。

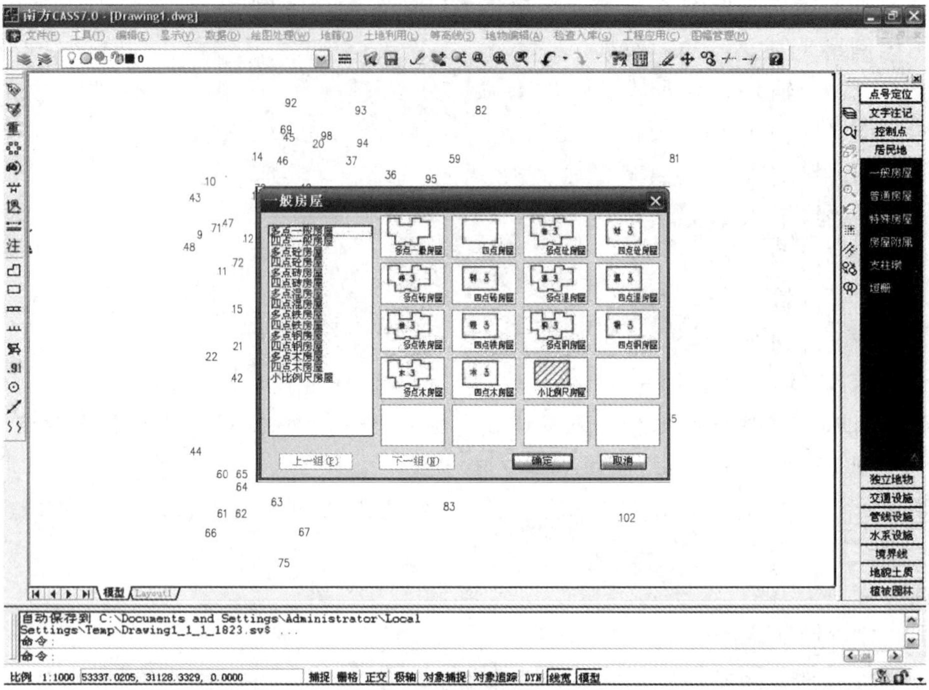

图 4.37 选择屏幕菜单"居民地/一般房屋"

说明： 选择"多点砼房屋"后自动读取地物编码，用户不须逐个记忆。从第三点起弹出许多选项，这里以"隔一点"功能为例，输入 J，输入一点后系统自动算出一点，使该点与前一点及输入点的连线构成直角。输入 C 时，表示闭合。

再做一个"多点砼房屋"，熟悉一下操作过程。命令区提示：

Command：dd

输入地物编码：〈141111〉141111

第一点：点 P/〈点号〉输入 60，回车。

指定点：

点 P/〈点号〉输入 61，回车。

闭合 C/隔一闭合 G/隔一点 J/微导线 A/曲线 Q/边长交会 B/回退 U/点 P/〈点号〉输入 62，回车。

闭合 C/隔一闭合 G/隔一点 J/微导线 A/曲线 Q/边长交会 B/回退 U/点 P/〈点号〉输入 a，回车。

微导线－键盘输入角度（K）/〈指定方向点（只确定平行和垂直方向）〉用鼠标左键在 62 点上侧一定距离处点一下。

距离〈m〉:输入 4.5，回车。

闭合 C/隔一闭合 G/隔一点 J/微导线 A/曲线 Q/边长交会 B/回退 U/点 P/〈点号〉输入 63，回车。

闭合 C/隔一闭合 G/隔一点 J/微导线 A/曲线 Q/边长交会 B/回退 U/点 P/〈点号〉输

入 j，回车。

点 P/〈点号〉输入 64，回车。

闭合 C/隔一闭合 G/隔一点 J/微导线 A/曲线 Q/边长交会 B/回退 U/点 P/〈点号〉输入 65，回车。

闭合 C/隔一闭合 G/隔一点 J/微导线 A/曲线 Q/边长交会 B/回退 U/点 P/〈点号〉输入 C，回车。

输入层数：〈1〉输入 2，回车。

说明：“微导线”功能由用户输入当前点至下一点的左角（°）和距离（m），输入后软件将计算出该点并连线。要求输入角度时若输入 K，则可直接输入左向转角，若直接单击，只可确定垂直和平行方向。此功能特别适合知道角度和距离但看不到点的位置的情况，如房角点被树或路灯等障碍物遮挡时。

两栋房子和平行等外公路“建”好后，效果如图 4.38 所示。

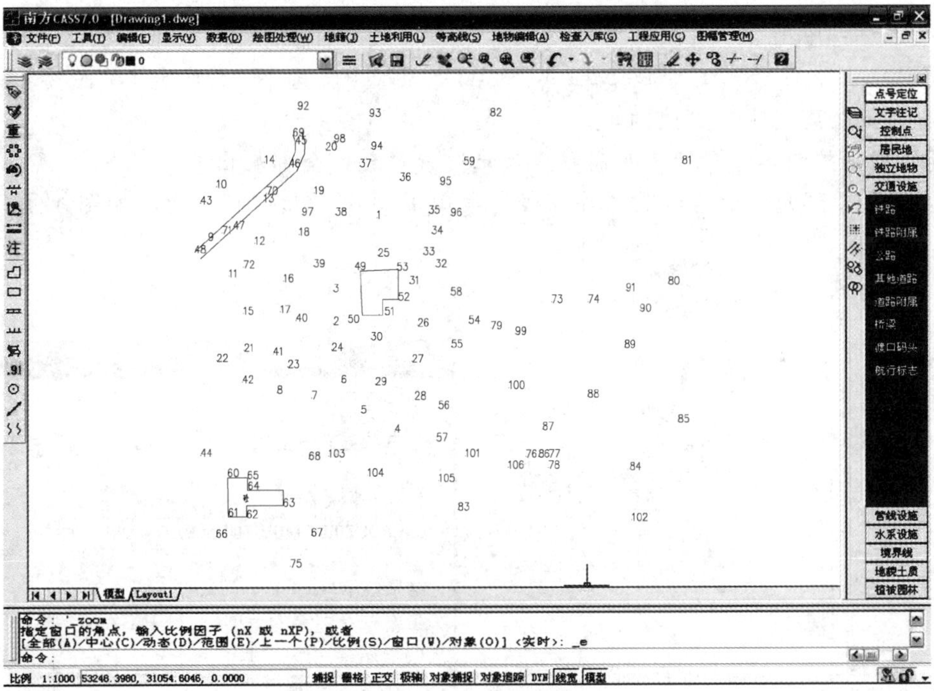

图 4.38 “建”好两栋房子和平行等外公路

类似以上操作，分别利用右侧屏幕菜单绘制其他地物。

在“居民地”菜单中，用 3、39、16 三点完成利用三点绘制 2 层砖结构的四点房；用 68、67、66 绘制不拟合的依比例围墙；用 76、77、78 绘制四点棚房。

在“交通设施”菜单中，用 86、87、88、89、90、91 绘制拟合的小路；用 103、104、105、106 绘制拟合的不依比例乡村路。

在“地貌土质”菜单中，用 54、55、56、57 绘制拟合的坎高为 1m 的陡坎；用 93、94、95、96 绘制制不拟合的坎高为 1m 的加固陡坎。

在“独立地物”菜单中，用69、70、71、72、97、98分别绘制路灯；用73、74绘制宣传橱窗；用59绘制不依比例肥气池。

在“水系设施”菜单中，用79绘制水井。

在“管线设施”菜单中，用75、83、84、85绘制地面上输电线。

在“植被园林”菜单中，用99、100、101、102分别绘制果树独立树；用58、80、81、82绘制菜地（第82号点之后仍要求输入点号时直接回车），要求边界不拟合，并且保留边界。

在“控制点”菜单中，用1、2、4分别生成埋石图根点，在提问点名．等级:时分别输入D121、D123、D135。

最后选取“编辑”菜单下的“删除”二级菜单下的“删除实体所在图层”，光标符号变成了一个小方框，单击点取任何一个点号的数字注记，所展点的注记将被删除。

平面图作好后效果如图4.39所示。

5. 绘等高线

展高程点：单击点取“绘图处理”菜单下的“展高程点”，将会弹出数据文件的对话框，找到C：\ CASS70 \ DEMO \ STUDY.DAT，选择“确定”，命令区提示：注记高程点的距离（米）:直接回车。

说明：“直接回车”表示不对高程点注记进行取舍，全部展出来。

建立DTM模型：单击点取“等高线”菜单下“建立DTM”，弹出如图4.40所示对话框。

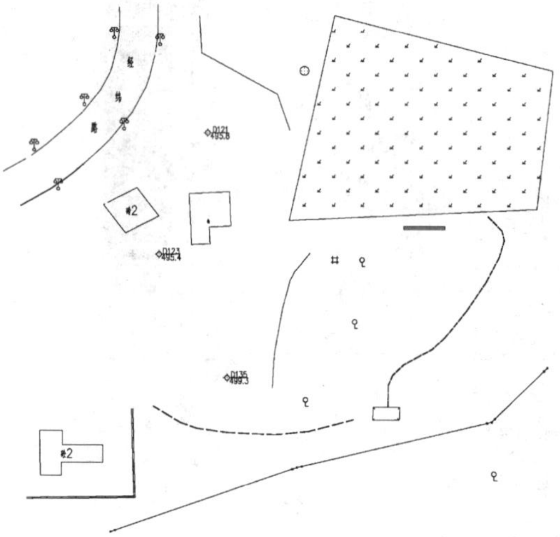

图4.39 STUDY的平面图

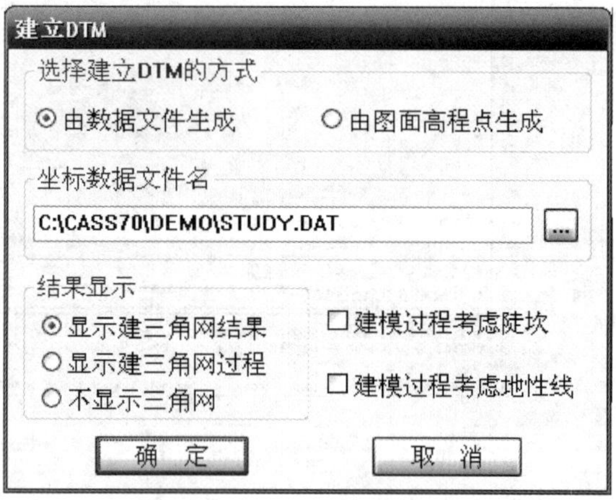

图4.40 建立DTM对话框

根据需要选择建立DTM的方式和坐标数据文件名，然后选择建模过程是否考虑陡坎和地性线，选择“确定”，生成如图4.41所示DTM模型。

绘等高线：单击点取“等高线/绘制等高线”，弹出如图4.42所示对话框。

输入等高距后选择拟合方式后“确定”。则系统马上绘制出等高线。再选择“等高线”菜单下的“删三角网”，这时屏幕显示如图4.43所示。

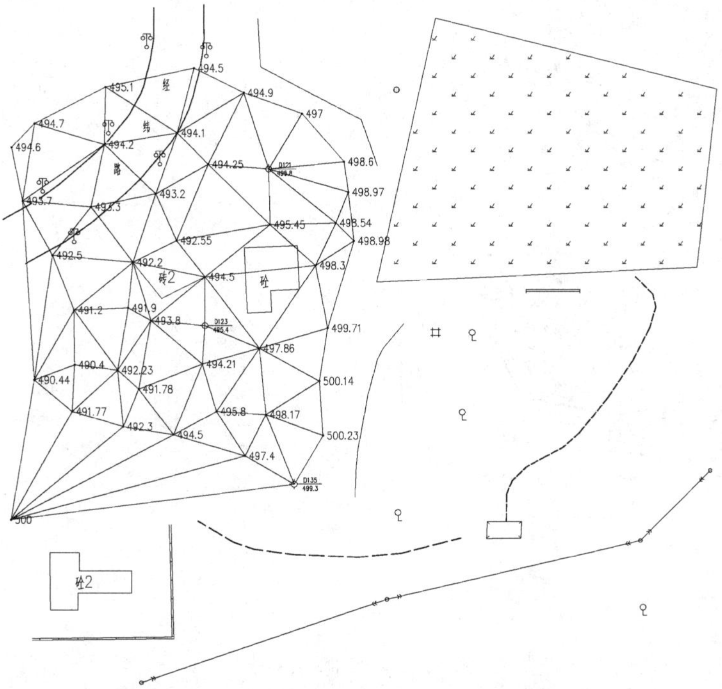

图 4.41 建立DTM模型

图 4.42 绘制等高线对话框

等高线的修剪。利用“等高线”菜单下的“等高线修剪”二级菜单，如图 4.44 所示。

单击点取“切除穿建筑物等高线”，软件将自动搜寻穿过建筑物的等高线并将其进行整饰。点取“切除指定二线间等高线”，依提示依次单击选取左上角的道路两边，CASS7.0将自动切除等高线穿过道路的部分。点取“切除穿高程注记等高线”，CASS7.0将自动搜寻，把等高线穿过注记的部分切除。

6. 加注记

以在平行等外公路上加“经纬路”三个字为例说明利用CASS7.0加注记的方法。

单击点取右侧屏幕菜单的“文字注记”项，弹出如图 4.45 所示的界面。

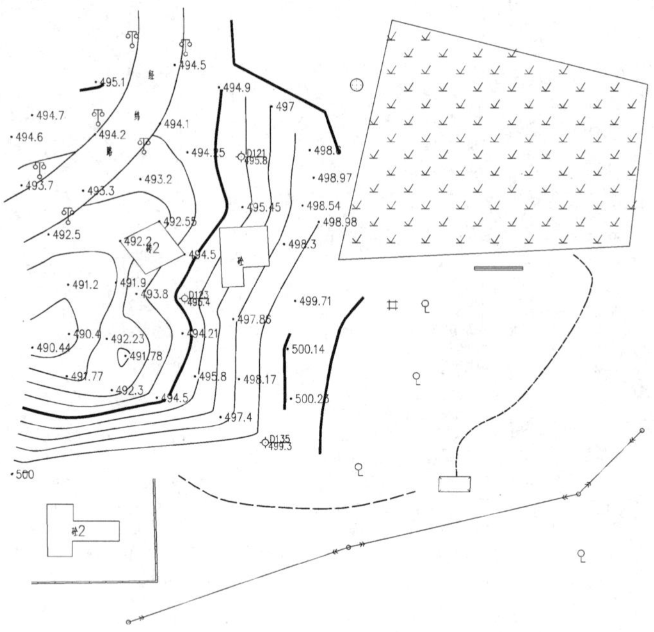

图 4.43 绘制等高线

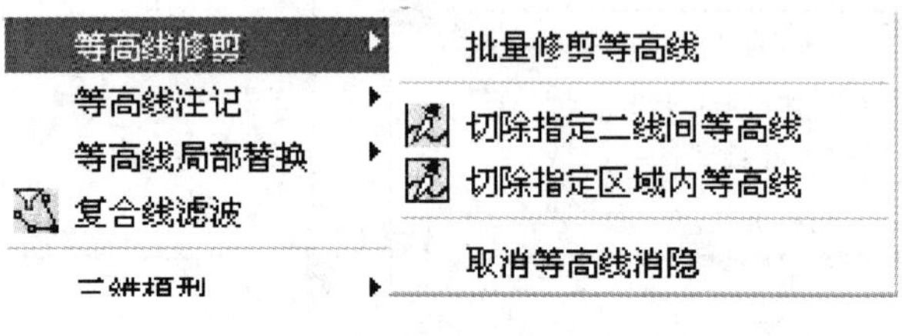

图 4.44 “等高线修剪”菜单

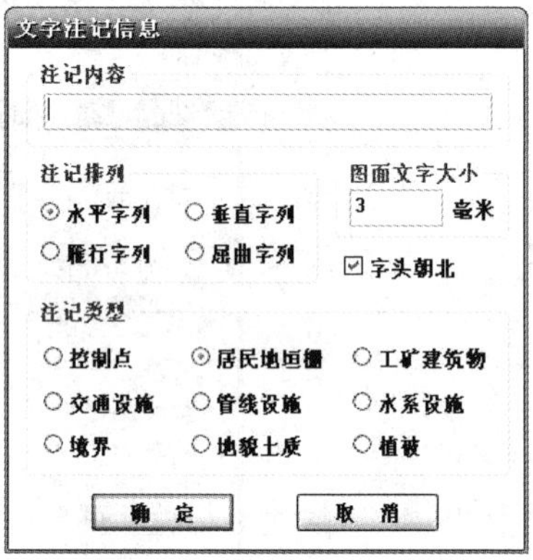

图 4.45 弹出文字注记对话框

首先在需要添加文字注记的位置绘制一条拟合的多功能复合线，然后在注记内容中输入“经纬路”并选择注记排列和注记类型，输入文字大小确定后选择绘制的拟合的多功能复合线即可完成注记。

经过以上各步，生成的图就如图 4.46 所示。

7. 加图框

单击“绘图处理”菜单下的“标准图幅（50×40）”，弹出如图 4.47 所示的界面。

在“图名”栏里，输入“建设新村”；在“测量员”、“绘图员”、“检查员”各栏里分别输入“张三”、“李四”、“王五”；在“左下角坐标”的“东”、“北”栏内分别输入“53073”、“31050”；在“删除图框外实体”栏前打勾，然后按确认。这样这幅图就做好了，如图 4.48 所示。

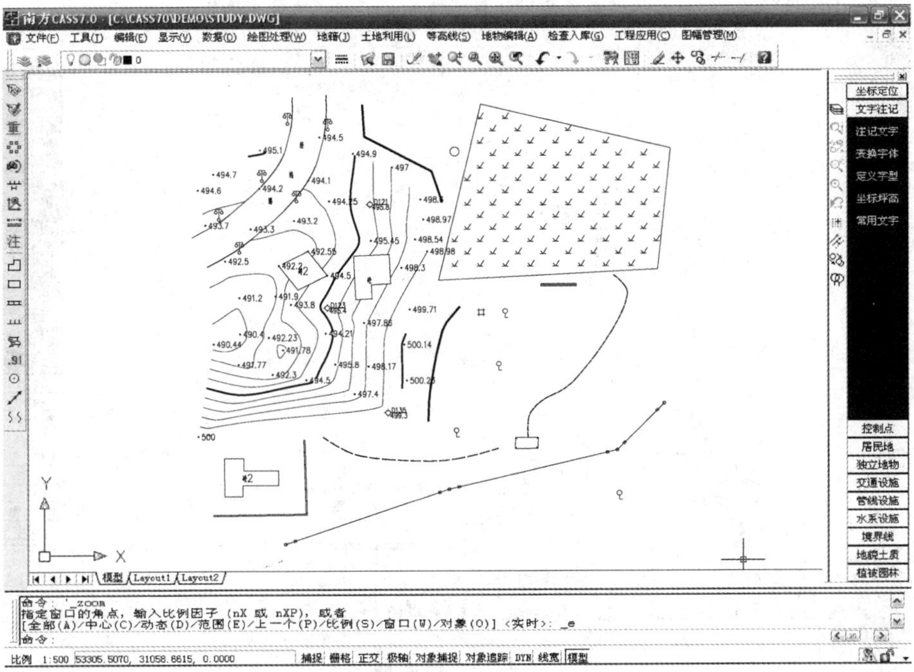

图 4.46　例图 study.dwg

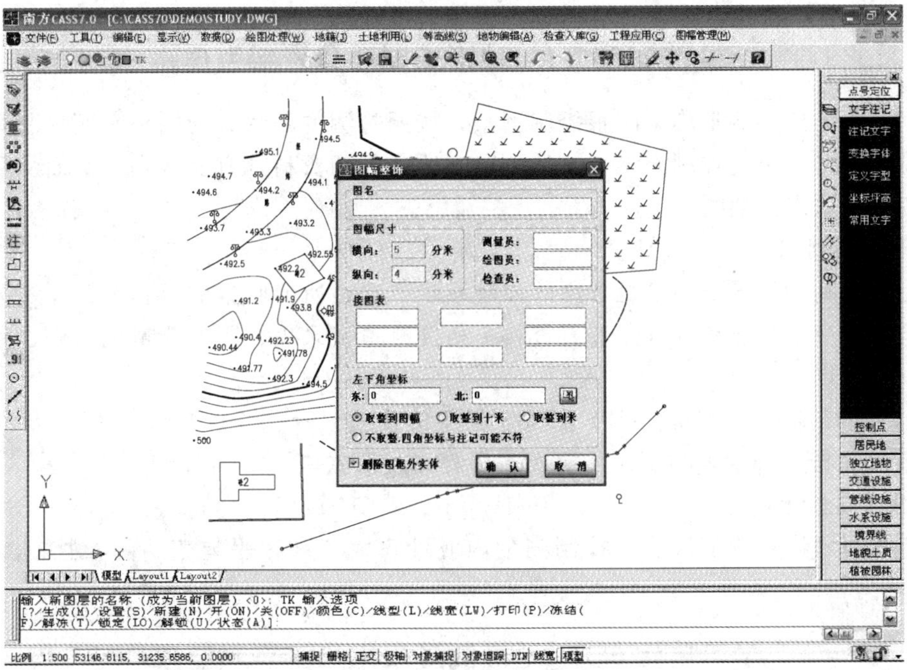

图 4.47　输入图幅信息

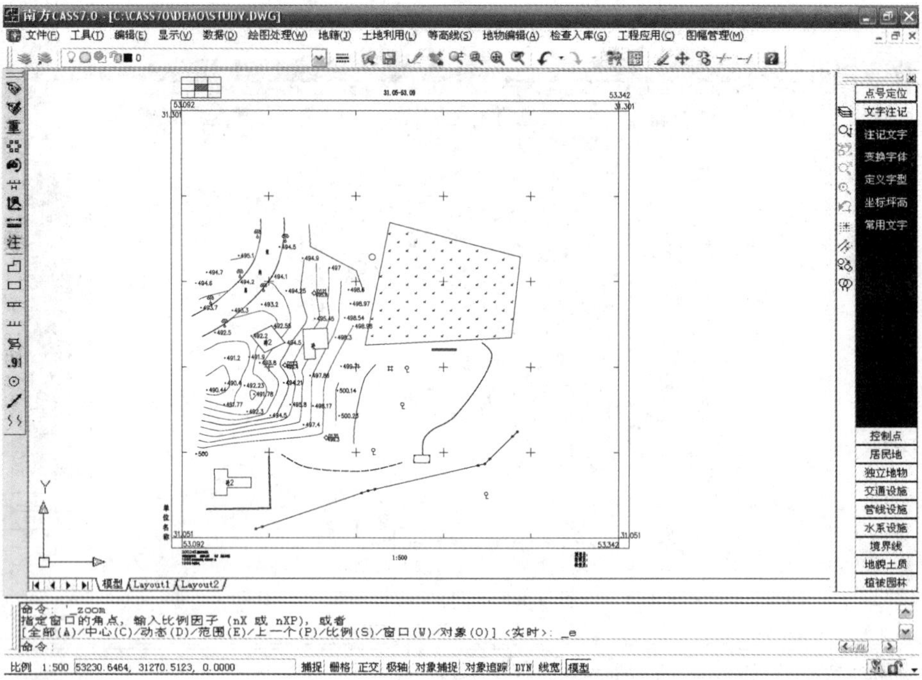

图 4.48　加图框

学习情景6　地形测量资料整理

学习单元6.1　地形控制测量资料整理

数字测图的控制测量称为图根控制测量，按照施测的项目分为图根平面控制测量和图根高程控制测量。根据控制测量方法的不同，所收集的资料也有所区别，下面从两种常用的控制测量方法来说明。

1. 平面控制测量

(1) 导线测量。导线测量是常用的控制测量方法，所要收集的资料有：导线测量技术设计书、导线测量外业踏勘选点埋石资料、角度测量记录表、距离测量记录表、导线平差计算表、控制点表。

(2) GPS图根控制测量。GPS图根控制测量技术设计书、GPS选点埋石及点之记资料、GPS外业作业调度表和观测手簿、基线解算及平差表，GPS控制点成果表。

2. 图根高程控制测量

高程控制测量外业记录表、控制测量内业计算表、高程平差表、图根控制点高程成果表。

学习单元6.2　地形测量成果检查资料整理

测绘产品的检查验收是生产过程中必不可少的环节，是测绘产品的质量保证，是对测绘产品的质量评价。为了控制测绘产品的质量，测绘工作者必须具有较高的质量意识和管理才能。因此，完成数字地形图后必须做好检查和质量评定工作。

6.2.1　检查验收的基本规定

1. 检查验收的依据

有关的测绘任务书、合同书中有关产品质量特性的摘录文件和委托检查、验收文件。有关法规和技术标准，技术设计书和有关的技术规定等。

2. 二级检查一级验收制

对数字测图产品实行过程检查、最终检查和验收制度，过程检查有生产单位中队检查人员承担，最终检查由生产单位的质量管理机构负责实施。验收工作由任务委托的单位组织实施，或由该单位委托具有检验资格的检验机构验收。各级检查工作必须独立进行，不得省略或代替。

3. 检查验收的内容及方法

（1）数学基础检查。将图廓点、千米网交点、控制点的坐标按检索条件在屏幕上显示，并与理论值和控制点已知坐标值核对。

（2）平面和高程精度的检查。

1）选取检查点的一般规定。数字地形平面检查点应是均匀分布，随机选取的明显地物点。平面和高程检测点数量视地物复杂程度等具体情况而定，每幅图选择20～50个点。

2）检测方法。检测点的平面坐标和高程采用外业散点法按测站点精度施测。用钢尺或全站仪量取地物点间距，量取边数每幅图应该不少于20处。检测中如发现被检测地物点和高程点具有粗差时，应视情况重测。当一幅图检测结果算得的中误差超过“数字测图成果质量要求”中位置基准的平面精度和高程精度的规定，应分析误差分布的情况，再对临近的图幅进行抽查。中误差超限的图幅应重测。地物点点位中误差（平面位置中误差）按式（4.2）～式（4.4）计算。

$$m_x = \pm\sqrt{\frac{\sum\limits_{i=1}(X_i - x_i)^2}{n-1}} \tag{4.2}$$

$$m_y = \pm\sqrt{\frac{\sum\limits_{i=1}(Y_i - y_i)^2}{n-1}} \tag{4.3}$$

$$m_{检} = \pm\sqrt{m_x^2 + m_y^2} \tag{4.4}$$

式中　$m_{检}$——检测地物点的点位中误差，m；

m_x——纵坐标 x 的中误差；

m_y——横坐标 y 的中误差；

X_i——第 i 个检测点的纵坐标检测值；

x_i——第 i 个检测点的纵坐标原测值；

Y_i——第 i 个检测点的横坐标检测值；

y_i——第 i 个检测点的纵坐标原测值；

n——检测点数。

临近地物点间距中误差按式（4.5）计算

$$m_s=\pm\sqrt{\frac{\sum_{i=1}^{n}\Delta s_i^2}{n-1}} \tag{4.5}$$

式中 Δs_i^2——第 i 个相邻地物点实测边长与图上同名边长较差；

n——测量边条数。

高程中误差按式（4.6）计算

$$m_h=\sqrt{\frac{\sum_{i=1}^{n}(H_i-h_i)^2}{n-1}} \tag{4.6}$$

式中 H_i——第 i 个检测点的实测高程值；

h_i——数字地形图上相应内插点的高程值；

n——检测高程点个数。

（3）接边精度的检查。通过量取两相邻图幅接边处要素端点的距离是否等于 0 来检查接边精度，未连接的要素记录其偏离值；检查接边要素几何上自然连接情况，避免生硬；检查面域属性、线划属性的一致性，记录属性不一致的要素实体个数。

（4）属性精度的检查。

1）检查各个层的名称是否正确，是否有漏层。

2）检查各个属性表中的属性项是否正确，有无遗漏。

3）按地理实体的分类、分级等语义属性检索，在屏幕上将检测要素逐一显示，并与要素分类代码核对来检查属性值、代码、注记的正确性。

4）检查公共边属性值是否正确。

（5）逻辑的一致性检查。

1）用相应的软件检查各层是否建立拓扑关系的正确性。

2）检查各层是否有重复的要素。

3）检查有向符号，有向线状要素的关系表示是否正确。

4）检查多边形的闭合情况，标识码是否正确。

5）检查线状要素的结点匹配情况。

6）检查各要素的关系是否正确，有无地理适应性矛盾，是否能正确反映各要素的分布特点和密度特征。

7）检查水系、道路要素是否连续。

（6）整饰质量检查。

1）检查各要素是否正确，尺寸是否符合图式规定。

2）检查图形线划是否连续光滑、清晰、粗细是否符合国家规定。

3）检查要素关系是否合理，是否有重叠、压盖现象。

4）检查高程注记点密度是否满足每 100cm^2 内 8～12 个的要求。

5）检查名称注记是否正确，位置是否合理，指向是否明确，字体、大小、字向是否符合规定。

6）检查注记是否有压盖重要地物或点状符号。

7）检查图片配置、图廓内外整饰是否符合规定。

（7）附件质量检查。

1）检查所填写的文档资料是否正确、完整。

2）逐项检查元数据文件是否正确、完整。

6.2.2　地形图成果的评定

对地形图成果进行检查以后，根据检查的结果，对单位成果和批成果进行质量评定，并划分出质量等级。

（1）概念。

1）单位成果。为实施检查、验收而划分的基本单位。宜以幅为单位。

2）批成果。同一技术设计要求下生产的同一测区的单位成果的集合。

3）概查。对单位成果质量要求的特定检查项的检查。

4）详查。对单位成果质量要求所有检查项的检查。

5）样本。从批量成果中抽取的用于评定成果质量的单位成果集合。

（2）单位成果质量评定。单位成果质量评定采用单位成果质量分值评定质量等级，质量等级分为优级品、良级品、合格品、不合格品四级。概查只评定合格品和不合格品两级。详查评定质量分为四级质量等级。工作内容如下。

1）一般以一幅图或几幅图作为一个单位成果，每个单位成果由多个质量元素组成，每个质量元素又分为几个子质量元素，每个子质量元素又分为多个检查项，根据质量检查的结果分别计算每个检查项的质量分值。

质量元素位置精度分为平面精度和高程精度两个子质量元素，又分为平面位置中误差、高程注记点高程中误差、等高线高程中误差等多个检查项。分别计算平面位置中误差、高程注记点高程中误差、等高线高程中误差等所有检查项的质量分值，其中平面位置中误差的质量分值，用式（4.7）进行计算

$$s=\begin{cases}60+\dfrac{40}{0.7\times m_0}(m_0-m),m>0.3m_0\\100,m\leqslant 0.3m_0\end{cases}\tag{4.7}$$

式中　s——检查项质量分值；

m_0——中误差限差；

m——检测中误差。

其他检查项质量分值计算参照《数字测绘成果检查与验收》（GB/T 18316—2008）。

当质量元素不满足规定的合格条件时，不计算质量分值，该质量元素为不合格。

2）根据某个质量元素所有检查项的质量分值，将其中最小的质量分值确定为这个质量元素的质量分值。再根据质量元素的分值，将其中最小的质量分值确定为单位成果质量分值，最后评定单位成果的质量等级，见表4.7。

表 4.7　　单位成果质量评定等级

质　量　得　分	质　量　等　级
90 分≤s≤100 分	优级品
75 分≤s<90 分	良级品
60 分≤s<75 分	合格品
质量元素检查结果不满足合格条件	不合格品
位置精度检查中误差比例大于 5%	
质量元素出现不合格	

(3) 批成果质量判断。通过合格判定条件（表 4.8）确定批成果的质量等级，质量等级划分为合格批和不合格批两级。

表 4.8　　批成果质量评定

质　量　等　级	判　定　条　件	后　续　处　理
合格批	样本中发现不合格单位成果，且概查时未发现不合格单位成果	测绘单位对验收中发现的各类质量问题均应修改
不合格批	样本中发现不合格单位成果，或概查时发现不合格单位成果，或不能提交批成果的技术文档（设计书、技术总结、检查报告和资料行文档，如结合表、图幅清单等）	测绘单位对批量成果逐一查改合格后，重新提交验收

6.2.3　检查报告

检查报告的主要内容包括：

(1) 任务概要。

(2) 检查工作概况（包括仪器和人员组成情况）。

(3) 检查的技术依据。

(4) 主要技术问题及处理情况，对遗留问题的处理意见。

(5) 质量统计和检查结论。

(6) 检查验收的记录及存档。检查验收记录包括质量问题的记录、问题处理的记录以及质量评定的记录等。记录必须及时、认真、规范、清晰。检查验收工作完成后，必须编写检查验收报告，应随测绘产品一起归档。

学习单元 6.3　测量仪器检定资料整理

测绘计量器具是指能用于直接或间接测出被测对象量值的测绘装置、设施、仪器仪表、量具和用于统一测绘量值的标准物质，包括测绘计量基准，测绘计量标准和测绘工作计量器具，如经纬仪、全站仪、测距仪、GPS 接收机、水准仪、钢卷尺等。

1. 检定和校准

测绘计量器具需要检定和校正的，要按照国家规定的检定规程和检定周期进行检定或者校正。未经检定或者经检定不合格的，不得提供使用。

2. 保管

测绘计量器具是测绘单位从事测绘生产非常重要的物质条件和基础，没有测绘计量器具，一切测绘活动都无从谈起，为此测绘单位应当配备与测绘生产、科研、经营管理相适应的测绘计量检测设施，建立健全测绘计量器具的管理制度，单位要建立测绘器具的明细目录和台账，标明测绘器具相应的检定周期。

3. 使用

使用测绘计量标准器具，必须具备下列条件：

(1) 经计量检定合格。

(2) 具有正常工作所需的环境条件。

(3) 具有称职的保存、维护和使用人员。

(4) 具有完善的管理制度。

4. 修理

(1) 测绘单位修理本单位的测绘仪器，应当严格按照国家规定的测绘计量标准修理规定进行，并满足相应的物质生产条件。对企业、事业单位修理计量器具的质量，测绘行政主管部门应当加强管理，县级以上人民政府计量行政部门有权进行监督检查，包括抽检和监督实验。凡无产品合格证或者鉴定不合格的产品。不准用于测绘生产。

(2) 具有条件的测绘单位，对社会开展测绘计量器具修理的，应当申请办理《修理计量器具许可证》。申请办理《修理计量器具许可证》可直接向当地县（市）级人民政府计量行政部门申请考核。当地考核不合格的，可以向上一级地方人民政府计量行政部门申请考核。经考核合格后取得《修理计量器具许可证》的，方可准予使用国家统一规定的标准和批准营业。

5. 鉴定规定

检测分为两种：

(1) 校准证书。校准证书是没有时间的限制国际通用的，只要发现仪器有问题，就必须送计量单位进行校准。

(2) 鉴定证书。按照规定一年检测一次，并由鉴定单位出具相应的证书。

学习情景7　地形测量技术设计

学习单元7.1　地形测量技术设计

地形测量技术设计的目的是制定切实可行的技术方案，保证测绘成果符合技术规范和用户的要求，并获得最高的经济效益，因此，每一项地形测量项目，都要进行符合项目实际的技术设计。

数字测图技术设计，就是根据测图比例尺、测图面积和测图方法，依据用户的具体要求，结合测区的自然地理条件和本单位的仪器设备、技术力量及资金情况，运用科学的方法，制定技术上合理，经济上可行的技术方案，并编写成技术设计书。技术设计书上报给主管部门或测绘任务委托单位审批，批准后的技术设计书是该测绘项目的技术依据和成果文件之一，在测图过程中若要求对技术设计书的内容进行修改时，由生产单位提出修改意见，报原审批单位批准后实施。

数字测图技术设计规范了整个地形测图过程，从硬件配置到软件使用，测量方案，测量方法及精度要求，数据和图形文件的生产及计算机处理，直至各工序之间的密切配合、协调等。为了使各类成果数据和图形文件符合规范，满足图示要求和用图单位的需要，每一步工作都应该在数字测图技术指导下进行。

7.1.1 技术设计的依据和基本原则

1. 技术设计的依据

（1）上级下达的技术文件或合同书。技术文件应包括工程项目名称、编号、测量目的、测区范围及工程量、对测图工作的主要技术要求、施工日期及应上交的资料等。

（2）有关规范和技术标准。

1）数字测图的主要依据主要是国家规定的技术规程，主要有：

《工程测量规范》（GB 50026—2007）。

《城市测量规范》（CJJ 8—99）。

《国家基本比例尺地图图式　第1部分：1∶500 1∶1000 1∶2000 地形图图式》（GB/T 20257.1—2007）。

《1∶500 1∶1000 1∶2000 地形图数字化规范》（GB/T 14912—2005）。

《1∶500 1∶1000 1∶2000 外业数字测图技术规程》（GB/T 14912—2005）。

除了以上规范外，还应该有合同书中涉及的其他技术规程。

2）地形测量成本定额，生产定额。

3）测区内原有的地质，水文和环境资料。

2. 技术设计的基本原则

技术设计时，应遵循以下原则：

（1）技术设计方案应注重先整体后局部的原则，且要满足用户的要求，重视社会经济效率和效益。

（2）从测区的实际出发，考虑作业人员和设备情况。

（3）广泛收集已有资料，充分利用已有资料。

（4）积极采用新技术，新方法和新工艺，采用合适的数字测图软件。

（5）当测区面积较大时，可根据用图单位的规划，将测区分为几个小区，再根据测图的实际分别制定技术设计。

7.1.2 技术设计书的内容

作为技术设计书的设计人员，必须明确任务来源、任务特点、技术要求和设计原则，做好测区的踏勘和分析工作，在此基础上做好切实可行的技术设计。对于技术设计书应做到内容明确，文字简练，对测图中易混淆和忽视的问题要重点说明，使用的名字，术语、公式、符号、代号和单位等应与规范和标准一致。技术设计包含的内容如下。

（1）任务概述。说明的任务名称、来源、作业范围、地理位置、行政隶属、测图比例尺、采用的技术标准、要求达到的精度要求、计划开工日期及完成期等。

（2）测区概况。测区概况主要是介绍测区的社会、自然、地理、经济、人文等方面的基本情况。主要包括以下五方面的内容。

1）地理情况。说明该测区的平均高程、相对高差、主要地形类别等。

2）交通状况。说明该测区的铁路、公路、乡村道路等基本情况。

3）居民区地分布。说明该测区内城镇、乡村等居民点的分布。

4）植被、水系等要求的分布和特征。

5）气候和降水、冻土和生活条件等情况。

（3）现有资料利用情况。需对现有资料的情况加于说明，包括精度、等级、比例尺、等高距、采用的图式、坐标系统和高程系统，且要说明对现有资料的检测方法和要求，对其质量进行评估和评价，对现有资料的利用程度方法也要加以说明。

（4）作业依据。说明测图作业所要依据的规范、图式和有关资料，主要有：

1）上级下达的测量任务书，数字测图委托书或测图合同书。

2）本工程执行的规范和图式，其中说明执行各类定额及工程所在地方和测绘规范中适合本测区的一些技术规定。

（5）测区控制测量方案。控制测量包括平面控制测量和高程控制测量两部分。

1）平面控制测量。在平面控制测量方案中主要说明测量所采用的坐标系统、采用的投影类型、投影带和投影面的选择。一般情况下应采用国家统一的坐标系统。只有当投影长度变形大于2.5cm/km时，才可选用其他坐标系统，对于小型测区有时根据实际情况可选择独立的坐标系统。平面控制网的等级、起算数据、控制点的密度、埋石标石的标准、使用的硬件配置、仪器和施测方法及各项主要限差都应达到相应的精度指标。

选定的方案应在小比例尺（1∶5000或1∶10000）地形图上绘制测区平面控制测量设计图。

2）高程控制测量。测区高程系统应选择国家85高程系统，或56黄海高程系统，在其困难的测区可采用独立或地方高程系统。同样高程系统的等级、密度及测量方案、高程控制点埋设的类型、使用的测量仪器、平差方法及精度要求都应达到相应的精度指标。高程测量方案应绘制高程测量路线图。

（6）测图方案。对于测图方案首先要介绍测图的比例尺、等高距、地形图采用的图幅的分幅、图幅的大小，并绘制整个测区的地形图分幅编号图。另外还要说明测图中的数据采集、数据处理、图形处理、成果输出等工序。

1）数据采集的主要模式分为数字测记模式或电子平板测图模式。采用哪种模式进行作业，单位可根据测区地形情况和作业习惯进行选择，若测图精度要求不高，又有可靠的旧图可用，可以采用地形图数字化加外业补测的作业模式进行作业，以提高作业效率，减低测量成本。

2）数据传输与处理。数据处理是数字化成图的主要工序之一，其目的是将采集的数据进行那个转换和编辑，为绘图提供必要的信息数据文件，所以根据使用仪器的型号、原始数据格式配合所采用的绘图软件等对数据进行编辑。

3）图形处理。图形处理是将数据处理成果转换成图形文件，是由软件提供的编辑功能对图廓进行整饰，绘制相应的线状符号、面状符号、独立符号等。处理后的图形文件要兼容性好，格式要与国家标准一致，要与数据文件一一对应并可相互转换，要便于显示、编辑、输出，且成果要可以共享。

4）图形输出。图形输出是将编辑完成的图形文件按照选定的分幅与编号方法和图幅的大小，利用打印机，绘图仪等设备打印出来。

（7）检查验收方案。测量成果的检查验收是测图工作的一个非常重要的环节，是保证测图成果的重要手段之一，检查验收方案应重点说明数字地形图的检查方法，实地检测工作量与要求。检查的工序分为自检、互检、上级检查。

（8）应提交的资料。数字测图不仅包括最终的地形图图形文件，绘制的分幅地形图，还应包括成果说明文件、控制测量成果文件、数据采集原始文件、图根控制点成果文件、碎步点成果文件及图形信息数据文件。另外用户也可根据实际需要，对数字测图的成果资料提出具体要求。技术设计书中应列出用图单位要求提交的所有资料的清单，并编制成表。

（9）建议与措施。在测图过程中，出现各种问题都在所难免，为了顺利完成测量任务，确保工程质量，技术设计书中要充分、全面、合理地预见工程中可能遇到的技术难题，并有针对性的制定处理预案，提出切实可行的解决方法。地形测量技术设计书样本见附录A。

学习单元7.2 地形测量技术总结

测量技术总结是在测绘任务完成后，对测绘技术设计文件和技术标准、规范等的执行情况，技术设计方案实施中出现的主要技术问题和处理方法，测绘成果的质量、新技术的应用等进行分析、总结，并作出客观描述和评价。测绘技术总结为用户对成果的合理利用提供方便，为测绘单位持续质量改进提供依据，同时也为技术设计、有关的技术标准规定的制定提供资料。测绘技术总结是与测绘成果有直接关系的技术性文件，是要长期保存的重要技术资料。数字测图的技术总结内容如下。

1. 概述

（1）任务来源、目的、比例尺、生产单位、作业起止日期，任务安排概况。

（2）测区名称、测绘内容、测绘范围、行政隶属、自然地理特征、交通情况。

2. 已有资料及利用情况

（1）资料的来源、地理位置和利用情况。

（2）资料中存在的重要问题及处理方法。

3. 作业依据、设备和软件

（1）作业技术依据及执行情况，作业过程中技术性更改情况。

（2）使用的仪器设备与工具的型号、规格、特性、仪器的检校情况，使用软件基本情况的介绍等。

（3）作业组人员。

4. 平面和高程系统

采用的平面坐标系统，高程系统、采用的投影方法、等高距等。

5. 控制测量

（1）平面及高程控制测量：控制点的资料和保存情况，首级控制网和加密控制网的等级、网形、密度、埋石情况、观测方法、技术参数，记录方法，重测测段和次数、控制测量成果等。

（2）内业软件的使用情况，平差方法及各项限差，控制测量数据的统计、比较，外业检测情况及精度分析。

（3）测量过程中出现的主要技术问题和处理方法，特殊情况的处理及达到的效果，新技术，新方法、新设备等应用情况，经验教训，遗留问题，改进意见和建议。

6．地形图的测绘

（1）测图方法，外业采集数据的密度，数据处理、图形处理所用软件和成果输出情况。

（2）测图的精度分析和评价，检查验收情况，存在的主要问题及处理方法等。

（3）新技术、新方法、新设备的采用情况及经验教训。

7．测绘成果说明和评价

简要说明、评价测绘成果的质量情况、产品达到的技术质量指标，并说明质量检查报告的名称和编号。

8．提交成果

（1）技术设计书。

（2）测图控制点展点图，水准路线图，埋石点点之记。

（3）控制测量平差报告，平差成果表。

（4）地形图原始数据文件，地形图全图和分幅图数据文件。

（5）输出的地形图。

（6）数字测图技术报告、检查报告、验收报告。

（7）其他需要提交的成果。

地形测量技术总结样本见附录B。

工作任务5 地形图的应用

学习情景1 地形图基本应用

学习单元1.1 地形图的识读

地形图是测绘工作的主要成果，是包含了丰富的自然地理、人文地理和社会经济等信息，且具有可量性、可定向性等特点，在经济建设的各个领域有着广泛的应用。尤其在工程建设中，可借助地形图了解自然和人文地理，了解社会经济诸方面因素对工程建设的综合影响，若在勘测、规划、设计中，能充分利用地形条件，优化设计施工方案，就能更好地节省工程建设费用。

正确地识读地形图是一个工程技术人员必须具备的基本技能，要求其能将地形图上的各种注记、符号的含义准确的判读出来。在地形图识读时，一般按先图外后图内、先地物后地貌、先注记后符号、先主要后次要的顺序逐一识读。

1.1.1 图外注记识读

首先了解该图的测绘年月及测绘单位，判定图的新旧，然后了解图的比例尺、图幅范围、坐标系统、高程系统、等高距及相邻图幅的关系等。

1.1.2 地物识读

地形图识读的主要内容是地物识读。地物识读主要是根据《国家基本比例尺地表图式》符号、注记来了解地物的分类和位置，因此熟悉地物符号是提高识读能力的关键。在识读地物时，可按以下几个方面来归类识读。

（1）测量控制点。包括三角点、导线点、图根点、水准点等。

（2）居民地。包括居住房屋、寺庙、学校等。

（3）工矿企业建筑。包括矿井、石油井、加油站、变电室、燃料库、露天设备等，一般指国民经济建设的重要设施。

（4）独立地物。独立地物是判定方位、确定位置的重要标志，如纪念像、纪念碑、独立树、旗杆、水塔、宝塔、亭等。

（5）道路。包括公路、铁路、涵洞、隧道、桥梁、高架桥、天桥、车站等。

（6）管线和垣栅。管线主要包括各种电力线、通信线以及地上、地下的各种管道、检修井、阀门等。垣栅指长城、砖石城墙、栅栏、围墙、篱笆等。

（7）水系及其附属设施。包括河流、水库、沟渠、湖泊、渡口、拦水坝、码头等。

（8）植被。植被是覆盖在地表上的各种植物的总称。在地形图上可表示出植物分布、类别、面积等。包括树林、旱地、经济林、耕地等。

（9）境界。包括国界、省界、县界、乡界。

1.1.3　地貌识读

地貌主要根据等高线来识读，由等高线的疏密程度及其变化情况判断地面坡度的变化、地势起伏的大体趋势，是否有山头、鞍部、山脊和山谷，其大致的走向如何等。还应熟悉特殊地貌如陡崖、冲沟等的表示方法，这样对地形图上的整个地貌有个基本了解。如图5-1中图幅西部和北部为丘陵，东南部为平坦地区，整个地势西高东低，最高点在图幅的西北角等。另外对地形图上的土质如沙地、戈壁滩、龟裂地等也应有所了解。

学习单元1.2　地形图应用的基本内容

在建筑工程规划设计施工中，大比例尺地形图是不可缺少的地形资料，它是设计时确定点位及计算工程量的依据。设计人员要在地形图上量距离、取高程、定位置、放设施，只有全面掌握地形资料，才能因地制宜、正确而合理地进行规划设计。因此，在每一次新的工程建设之前，都要先进行地形测量工作，以获得规定比例尺的现状地形图，正确地应用已有的地形图，也是每个工程技术人员的一项基本要求。

1.2.1　求图上某点的坐标

点的平面坐标可以利用地形图上的坐标格网的坐标值确定。如图5.1所示，欲求图上A点的坐标，首先找出A点所处的小方格，并用直线连接成小正方形$abcd$，过A点作格网线的平行线，交格网边于g、e点，再用比例尺量取ag和ae的图上长度，即可获得A点的坐标为

$$\left.\begin{aligned}X_A&=X_a+ag\\Y_A&=Y_a+ae\end{aligned}\right\}\tag{5.1}$$

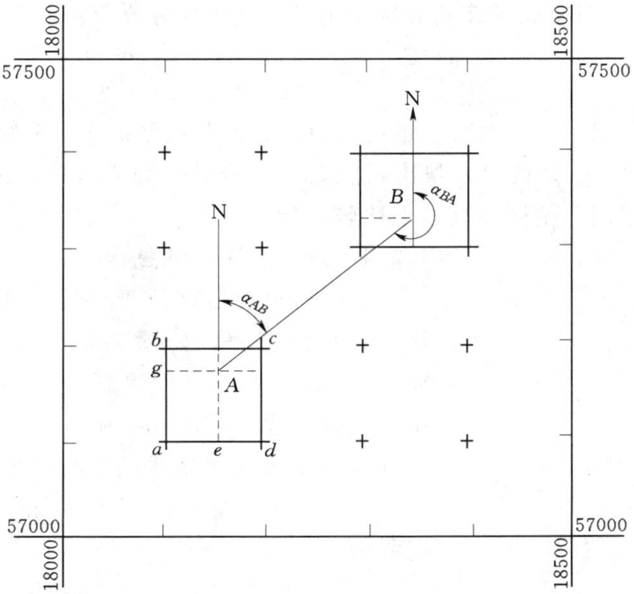

图5.1　地形图上求两点的坐标、两点的距离、直线的方位角

由于图纸的伸缩，在图纸上实际量出方格长度坐标不等于方格网的理论长度，为了提高精度，这时需要考虑图纸伸缩的影响，对其加以改正，设方格网的理论长度为L，则A

点坐标可按式（5.2）计算

$$\left.\begin{aligned} X_A&=X_a+l\times\frac{ag}{ab}\\ Y_A&=Y_a+l\times\frac{ae}{ad}\end{aligned}\right\} \tag{5.2}$$

式中 ab、ad、ag、ae——图上量取的长度，cm（量至 mm）。

1.2.2 求图上两点间的距离

确定两点间的水平距离，可以用两种方法。

1. 图解法

如图 5.2 所示，欲求 A、B 两点间的距离，可以直接用直尺量取 A、B 两点间的图上距离 d_{AB}，再根据比例尺计算两点间的距离 D_{AB}。也可以直接用卡规在图上直接卡出线段长度，再与图示比例尺比量，得出图上两点间的水平距离。

2. 解析法

解析法即利用两点的坐标计算出两点的距离。

如图 5.2 所示，先按式（5.2）求出 A、B 两点的坐标值，然后按式（5.3）计算两点的距离。

$$D_{AB}=\sqrt{(X_B-X_A)^2+(Y_B-Y_A)^2} \tag{5.3}$$

一般来说，解析法求距离的精度高于图解法，但图解法更方便、直接，而且若地形图上有图示比例尺，用图解法既方便又能保证精度。

1.2.3 求图上某直线的坐标方位角

如图 5.2 所示，欲求 A、B 两点间连线的坐标方位角，可以先求出 A、B 两点间的坐标，然后按式（5.4）用坐标反算的方法求出 AB 直线的方位角 α_{AB}。

$$\alpha_{AB}=\arctan\frac{Y_B-Y_A}{X_B-X_A} \tag{5.4}$$

当 A、B 两点在同一幅图内时，也可以过 A、B 两点分别作坐标纵轴的平行线，然后用量角器的圆心对准 A、B 两点，量出 α_{AB} 和 α_{BA}，取其平均值作为最后结果，这种方法受量角器最小分划的限制，精度不高，但比较方便。

1.2.4 求图上某点的高程

如果所求点恰好位于某等高线上，该点高程即为该等高线的高程。如图 5.2 所示，图上 A 点高程为 38m。若所求点不在等高线上，则应按比例内插法确定该点的高程。在图 5.3 中，欲求 B 点高程，首先过 B 点作相邻两条等高线的近似公垂线，与等高线相交于 m、n 两点，在图上量取 nm 和 mB 的长度，则 B 点高程为

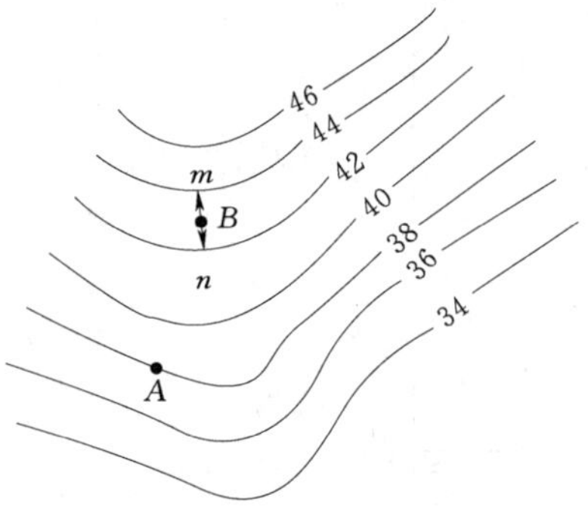

图 5.2 地形图上求点的高程

$$H_B=H_m-\frac{mB}{mn}\times h \tag{5.5}$$

式中 h——等高距，m；

H_m——m 点的高程。

实际求图上的某点高程时，常用目估法判断 nB 和 nm 的比例来确定 B 点的高程。

1.2.5　确定某直线的坡度

在图 5.3 中，若求 A、B 两点间的坡度，必须先求出 A、B 两点的高程，则直线 AB 的平均坡度为

$$i=\tan\alpha=\frac{h}{D}=\frac{h}{dM} \tag{5.6}$$

式中　h——A、B 两点间的高差绝对值；

D——A、B 两点间的实际水平距离；

i——坡度，一般用百分率（%）或千分率（‰）表示；

M——比例尺分母；

d——图上距离。

按式（5.6）求得的是两点间的平均坡度，当直线跨越多条等高线，且相邻等高线之间的平距不等时，则所求的坡度与实地坡度不完全一致。

学习情景 2　地形图在工程中的应用

学习单元 2.1　按一定方向绘制断面图

断面图对于路线、管线、隧路、涵洞、桥梁等的规划设计，有着重要的意义和作用，如进行填挖土方量的概算及合理地确定线路的纵坡，都需要详细地了解线路方向上的地面高低地伏情况，因此，我们可以根据地形图上的等高线来绘制地面的断面图。

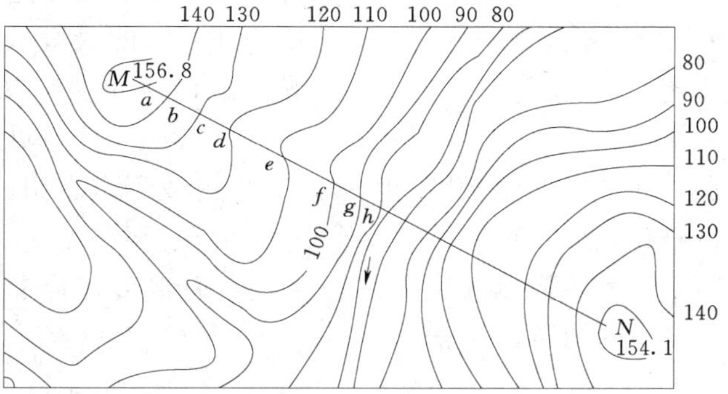

比例尺 1∶50000

(a)

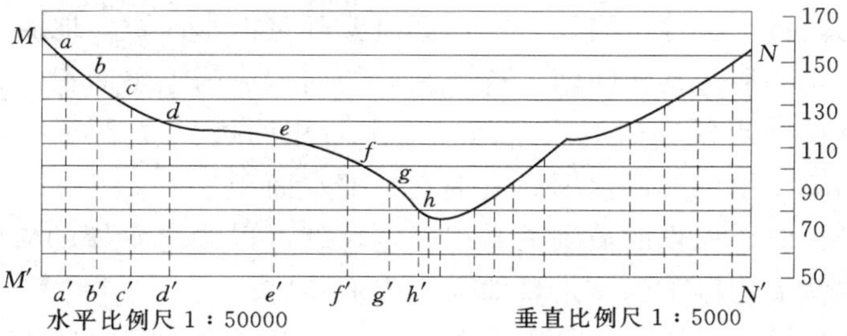

水平比例尺 1∶50000　　垂直比例尺 1∶5000

(b)

图 5.3

如图 5.3 所示，现要绘制 MN 方向的断面图。先将直线 MN 与图上等高线的交点标出，如 a、b、c、…。绘制断面图时，以 $M'N'$为横轴，代表水平距离，MN 为纵轴，代表高程。然后在地形图上，沿 MN 方向量取 a、b、…、i、N 各点至 M 点的水平距离，将这些距离按比例尺展绘在 MN 线上，得 M、a、b、…、i、N 各点；通过这些点作 MN 的垂线，在垂线上，按高程比例尺分别截取 M、a、b、…、i、N 各点的高程。将各垂线上的高程点连接起来，就得到直线 MN 方向上的断面图，为了明显地表示地面的起伏状况，高程比例尺一般都是水平比例尺的 10 倍或 20 倍。

学习单元 2.2　按限制坡度选择最短路线

如图 5.4 所示，设计公路旁 A 点到山头 B 点选定一条路线，限制坡度为 5%，地形图比例尺为 1∶2000，等高距为 1m。为了满足限制坡度的要求，可根据式（5.7）求出该路线通过相邻两条等高线的最小平距（在地形图上的长度）

$$d=\frac{1}{2000\times 5\%}=10\ (\text{mm}) \tag{5.7}$$

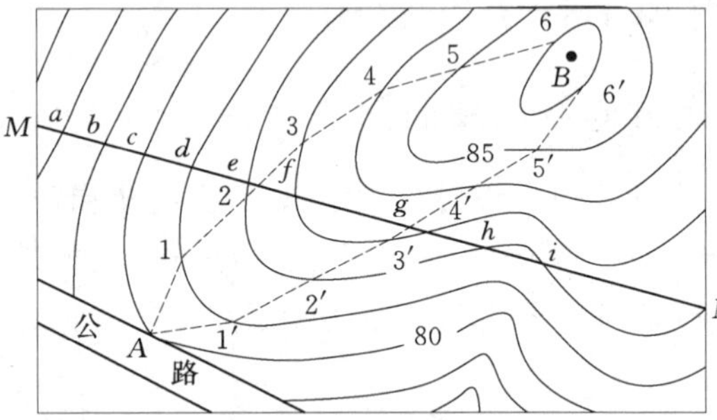

图 5.4

然后，用卡规先以 4 点为圆心 4mm 为半径作为圆弧交 81m 等高线于 1 点。再以 1 点为圆心作圆弧，交 82m 等高线于 2 点。依次类推，直至 B 点。连接相邻点，便得同坡度路线 A—1—2—…—B。若所作圆弧不能与相邻等高线相交，则与最小等高线平距直接相连。这样，该线段为坡度小于 5% 的最短线路，符合设计要求。在图上尚可沿另一方向定出第二条路线 A—1′—2′…—B，可以作为比较方案。在实际工作中，还需在野外考虑工程上其他因素，如少占或不占良田、避开不良地质条件、工程费用最少等进行修改，最后确定一条最佳路线。

这样得出的线路就是满足限制坡度的最短路线，通常会有若干种方案，应选线路顺畅，施工方便，工程量小的线路。

学习单元 2.3　确定汇水面积的边界线及蓄水量的计算

在水库、涵洞、排水管等工程设计中，都需要确定汇水面积。地面上某区域内雨水注入同一山谷和河流，并通过某一断面，这个区域的面积成为汇水面积。确定汇水面积首先要确定出汇水面积的边界线，即汇水范围。汇水面积的边界线是由一系列山脊线（分水线）连接而成。图 5.5 中虚线所包围的范围就是汇水面积。

进行水库的设计时，如坝的溢洪道高程已定，就可以确定水库的淹没面积，如图 5.5 中的虚线部分，淹没面积以下的蓄水量即为水库的库容。

计算库容一般用等高线法。先求出图 5.5 中虚线部分各条等高线所围成的面积，然后计算各相邻等高线之间的体积，其总和即为库容。设 S_1 为淹没线高程的等高线所围成的面积，S_2、S_3、…、S_n、S_{n+1}为淹没线以下各等高线所围成的面积，其中S_{n+1}为最低一根等高线所围成的面积，h为等高距，h'为最低一根等高线与库底的高差，则相邻等高线之间的体积及最低一根等高线与库底之间的体积分别为

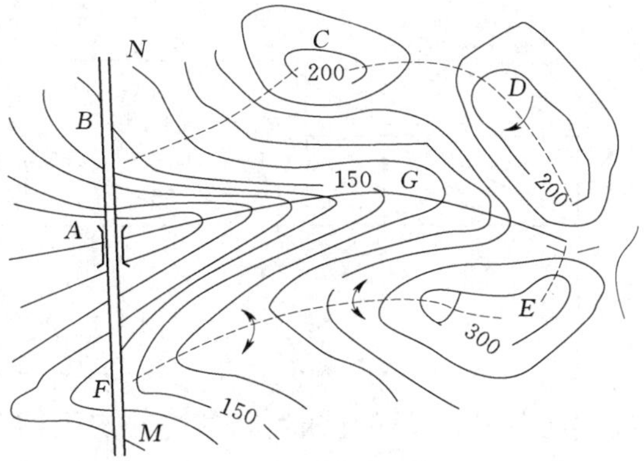

图 5.5　汇水面积

$$V_1=\frac{1}{2}(S_1+S_2)h$$

$$V_2=\frac{1}{2}(S_2+S_3)h$$

$$\vdots$$

$$V_n=\frac{1}{2}(S_n+S_{n+1})h$$

$$V'_n=\frac{1}{3}\times S_{n+1}\times h'\text{（库底体积）}$$

因此，水库的库容为

$$V=V_1+V_2+\cdots+V_n+V'_n=\left(\frac{S_1}{2}+S_2+S_3+\cdots+\frac{S_{n+1}}{2}\right)h+\frac{1}{3}S_{n+1}h' \quad (5.8)$$

如溢洪道高程不等于地形图上某一根等高线的高程时，就要根据溢洪道高程用内插法求出水库淹没线，然后计算库容。这时水库淹没线与下一条等高线之间的高差不等于等高距。式（5.8）要作相应的改动。

学习单元 2.4　地形图在建筑规划设计中的应用

1. 根据地形图确定建筑物的面积和形状

在城镇建筑设计之前，首先使用反映拟建场地及其周围地物、地貌的地形图，根据图上有关情况及城市规划要求拟定建筑物的形状和面积，上报城市规划部门审批。

2. 根据地形来确定建筑物±0的标高及其构造形式

（1）根据地形图上拟建地面标高及排污管道的标高来确定建筑物±0的标高。

（2）±0标高确定以后，根据地形高差状况来确定±0以下的构造形式。

拟建场地较平，当其标高不低于±0标高时候，按常规设计；当其标高低于±0标高时，采取填高至±0或建地下室，或采用支撑悬空，也可采用支撑柱悬空与地下室相结合。具体选择哪种形式要根据具体情况，通过比较看哪种构造形式最经济、合理。

拟建场地为坡地时，根据±0标高，采取悬空，半悬空或整平等几种形式，如图5.6所示。

现代技术设备能够推移大量的土方，在许多情况下，有可能将建设用地完全推平，消灭场地的所有起伏。但是，很多事实证明，剧烈改变地形的自然形态，仅在特殊场合下才可能是合理的，因为这种做法需要花费大量的资金，更主要的是破坏了周围的环境状态，如地下水、土层、植物生态和地区的景观环境。这就要求在进行建筑设计时，应该充分考虑地形特点，进行合理的竖向规划。例如，当地面坡度为2.5%～5%时，应尽可能沿等

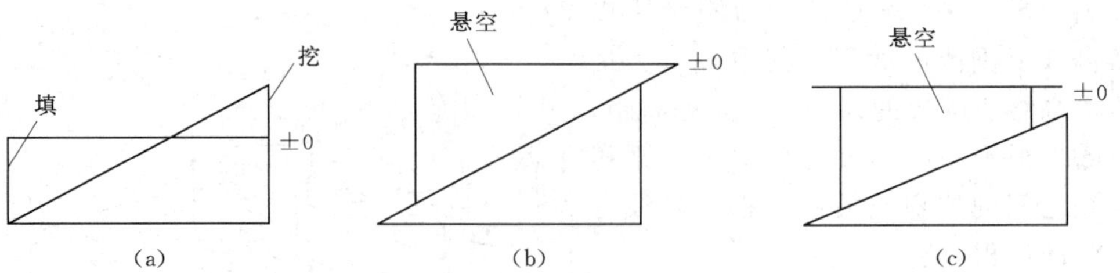

图 5.6 平整场地示意图

(a) 整平；(b) 半悬空；(c) 全悬空

高线方向布置较长的建筑物，这样，房屋的基础工程较节约，道路和联系阶梯也容易布置。建筑设计中所需要的这些地形信息，基本上都可以在地形图中获取。

学习单元 2.5 地形图在道路规划设计中的应用

道路的路线以平、直较为理想，实际上，由于地形和其他原因的限制，要达到这种理想状态是很困难的。为了选择一条经济而合理的路线，必须进行路线勘测。路线勘测一般分为初测和定测两个阶段。

路线勘测是一个涉及面广、影响因素多、技术性很强的工作。在路线勘测之前，要做好各种准备工作。首先要搜集与路线有关的规划设计资料以及地形、地质、水文和气象等资料，然后进行分析研究，在地形图（通常为 1∶5000 的地形图）上初步选择路线走向，利用地形图对山区地形复杂、外界干扰多、牵涉面大的地段进行重点研究。诸如路线可能沿哪些河流，越哪些垭口；路线通过城镇或工矿区时，是穿过、靠近，还是避开而以支线连接等。研究设计方案时，应进行多种方案的比较。

1. 按限制坡度选定最短路线

在实际工作中，除了根据地形图选择最短且工程量最少的路线。还需考虑在野外工程上其他因素，如少占或不占良田、避开不良地质条件、工程费用最少等进行修改。

2. 应用地形图做方案比较

当线路经过高差较大的山地时，在满足道路坡度要求的前提下，是绕山走还是劈山或打隧道，具体采用何种方案要通过对各种方案工程造价的比较才能确定。

学习单元 2.6 地形图在管线设计施工中的应用

管线工程是工业建设和城市建设的重要组成部分，其种类很多，主要有给水、排水、煤气、热力、输电和其他工业管道等。为了合理地敷设各种管道，首先进行规划设计，确定管道中线的位置并给出定位的数据，即管道的起点、转点及终点的坐标和高程。然后将图纸上所设计的中线在实地标定出来，作为施工的依据。

1. 绘制管道中心线方向的纵断面图

管线纵断面测量的目的是沿管线中心线所测得的桩点的高程和桩号绘制成纵断面图。纵断面图表示沿管道中心线地面的高低起伏和坡度陡缓情况，是作为设计管道埋深、坡度和计算土方量的主要依据。

为了保证管道全线高程的测量精度，应先沿线布设足够的水准点。一般每隔 1～2km

设一永久水准点，作为全线高程的主要控制点，中间每隔 300～500m 还要设立临时水准点，作为纵断面水准测量和施工时引测高程的依据。在各种管线工程设计中，为了进行填挖方量的概算，合理确定管线的坡度，都需要了解沿线方向的地面起伏情况，为此常利用地形图绘制指定方向的纵断面图。

2. 绘制管道中心线方向的横断面图

管道横断面测量是测定各里程桩和加桩处的中线两侧地面上地形变化至管道中线的距离和高差，然后绘制成横断面图。横断面图表示了垂直于管道中心线方向的地面起伏情况，绘制时以中心线上的里程桩或加桩为坐标原点，以水平距离为横坐标，以与中心桩的高差为纵坐标，以纵、横相同的比例尺将各地面的特征点绘制在毫米方格纸上。绘图比例尺一般为 1∶40，横断面水准测量记录手簿见表 5.1，横断面图如图 5.7 所示。

表 5.1　横断面水准测量记录手簿　单位：m

测站	桩号	水准尺读数			仪器视线高	高程	备注
		后视点	前视点	中间点			
3	0+100	1.970			159.367	157.397	
	左$_{11}$			1.40		157.97	
	右$_{20}$			0.40		158.97	
	右$_{20}$			2.97		156.40	
	0+200		1.848			157.519	

3. 根据地形图进行管线的设计

(1) 根据地形图上的地物、地貌情况，通过对客观容许范围内多条线路的比较，选择距离既短方量又少的路线。

(2) 路线选定后进行设计时，在符合管线坡度要求的范围内，根据纵断面图，选择最佳管线坡度，使方量和架空工程量最少，亦即造价最低。

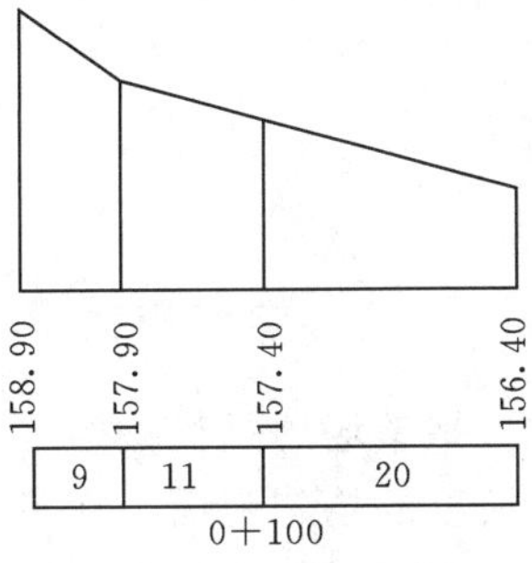

图 5.7

4. 地形图在管线施工中的应用

(1) 应用地形图，根据管线的设计标高及挖宽计算土方工程量。

(2) 在精度容许条件下，可用图解法在地形图上求出主点的测设数据。

学习单元 2.7　地形图在城镇规划中的应用

城市用地在规划设计以前，首先应按建筑、交通、给水和排水等对地形的要求，分析用地的地形，并在地形图上标明不同坡度的地区的地面水流方向、分水线和集水线等，以便合理地利用地形和改造原有地形。

下面结合实例来说明怎样分析地形，从图 5.8 可以看出这个地区的地形特点如下。

(1) 光明村以西有一座不太高的小山。

(2) 光明村东南有一条河流（青河），河的南岸有一片沼泽地。

(3) 在向阳公路以北有一个高出地面约30m的小丘，小丘东西向地势较南北向平缓。

(4) 光明村以西的地形，从75m等高线以上较陡，55～75m等高线一段渐趋平缓，从55m等高线以下更为平坦。总的来说，这块地形除了小丘和小山外还是比较平缓的。了解了上述地形特点以后，再做如下进一步的分析。

(5) 根据地形起伏情况，从小山山顶向东北到小丘可找出分水线Ⅰ，从小山向东到向阳公路找出分水线Ⅱ，分水线Ⅱ的一段与向阳公路东段相吻合，在分水线Ⅰ和Ⅱ之间可找到集水线。根据地势情况，定出地面水流方向（最大坡度方向）。在分水线Ⅰ以北的地面水排向小丘和小丘以北，在分水线Ⅱ以南的地面水则向青河汇集。

(6) 青河南面的沼泽地区，需做工程地质和水文地质等分析以后，才能确定其用途。

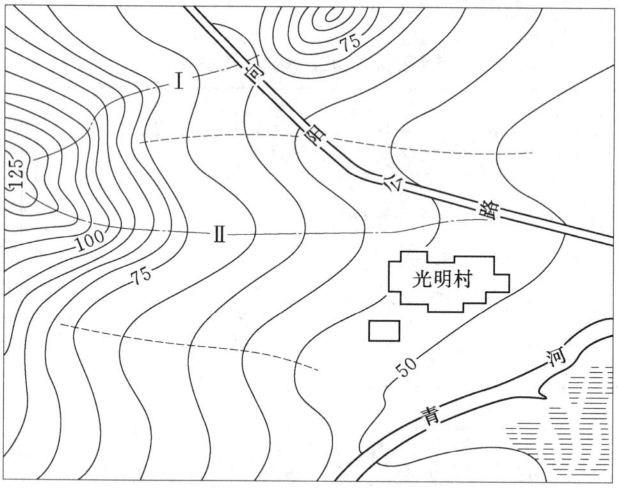

图 5.8 地形图实例

学习单元 2.8 地形图在平整场地中的应用及方量的计算

平整场地是指按照工程需要，将施工场地自然地表整理成符合一定高程的水平面或一定坡度的均匀地面。在建筑、水利、农田等基本建设中，均需要进行土地平整工作。平整场地中常用的方法有方格网法、断面法和等高线法等。

2.8.1 方格网法

该法适用于地形起伏不大或地形变化比较规律的地区。一般要求在满足填挖方平衡的条件下把划定范围平整为同一高程的平地。

1. 在地形图上绘制方格网

在拟平整的范围打上方格，方格边长取决于地形变化和土方估算的精度要求，如取4m、20m、50m等，然后根据等高线内插求出各方格顶点的地面高程，注于相应点右上方。

2. 计算设计高程

先把每一格四个顶点的高程加起来除以4，得到每一方格的平均高程，再把各个方格的平均高程加起来除以方格格数，即得设计高程 $H_{设}$

$$H_{设}=\frac{1}{n}(H_1+H_2+\cdots+H_i+\cdots+H_n) \tag{5.9}$$

式中　n——方格数；

H_i——第 i 方格的平均高程。

3. 绘出填挖分界线

根据设计高程，在图上用内插法绘出设计高程的等高线，即为填挖分界线，它就是不挖不填的位置，通常称为零线。

4. 计算填挖深度

各方格顶点的地面高程与设计高程之差，即为填挖高度，并注在相应顶点的左上方，即

$$h=H_{地}-H_{设} \tag{5.10}$$

h“＋”号表示挖方，“－”表示填方。

5. 计算填挖土石方量

从图5.9中可以看出，有的方格全为挖土，有的方格全为填土，有的方格有填有挖。计算时，填挖要分开计算，图5.9中计算得到设计高程为64.84m，以方格2、6、10为例计算填挖方量。

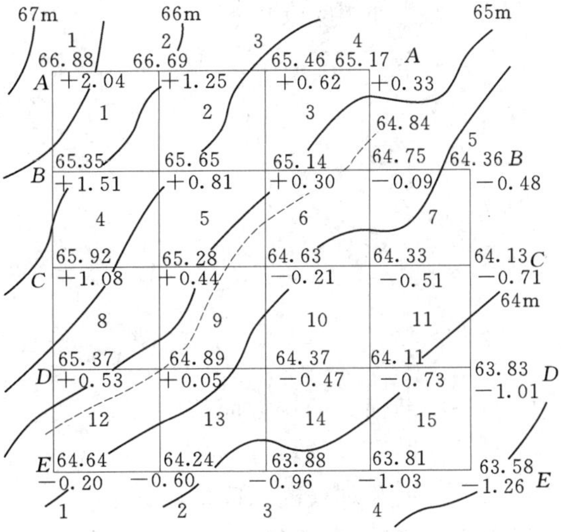

图5.9　方格法

方格2为全挖方，方量为

$$V_{2挖}=\frac{1}{4}(1.25+0.62+0.81+0.30)S_2=0.75S_2$$

方格10为全填方，方量为

$$V_{10填}=\frac{1}{4}(-0.21-0.51-0.47-0.73)S_{10}=-0.48S_{10}$$

方格6即有挖方，又有填方

$$V_{6挖}=\frac{1}{3}(0.3+0+0)S_{6挖}=0.1S_{6挖}$$

$$V_{6填}=\frac{1}{5}(0-0.09-0.51-0.21-0)S_{6填}=-0.16S_{6填}$$

式中　S_2——方格2的面积；

S_{10}——方格10的面积；

$S_{6挖}$——方格6中挖方部分的面积；

$S_{6填}$——方格6中填方部分的面积。

最后将各方格填，挖土方量各自累加，既得填挖的总土方量。

2.8.2　断面法

在地形变化较大的山区，可用断面法来估算土方。在图5.10中 $ABCD$ 是在山梁上计划拟平整场地的边线。设计要求：平整后场地的高程为67m；AB 边线以北的山梁要削成1∶1的斜坡；分别估算挖方和填方的土方量。结合这个例子，把场地分为两部分来讨论。

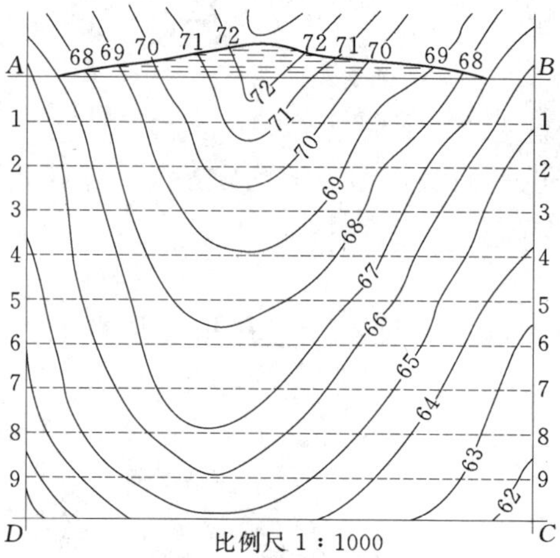

图 5.10 断面法

1. *ABCD* 场地部分

根据 *ABCD* 场地边线内的地形图，每隔一定间距（本例采用的是 4m）画一幅垂直于左右边线的断面图，图 5.11 即为 *A*—*B*、1—1、2—2、7—7 和 8—8 的断面图（其他断面省略）。断面图的起算高程定位 67m，这样一来，在每个断面图上，凡是高于 67m 的地面和 67m 高程起算线所围成的面积即为该断面处的填方面积。

在分别求出每一断面处的挖方面积和填方面积后，即可计算相邻断面间的挖方和填方，例如，*A*—*B* 断面和 1—1 断面间的挖方为

$$V_{A-B}=\frac{A_{A-B}+A_{1-1}}{2}l \tag{5.11}$$

填方为

$$V'_{A-B}=\frac{A'_{A-B}+A'_{1-1}}{2}l \tag{5.12}$$

$$V''_{A-B}=\frac{A''_{A-B}+A''_{1-1}}{2}l$$

式中 A——断面处的挖方面积；

A'和A''——断面处的填方面积；

l——两相邻横断面间的间距。

同法可计算其他相邻断面的土方量。最后求出 *ABCD* 场地部分的总挖方量和总填方量。

2. *AB* 以北的山梁

首先按与地面等高线间距相同的间距和设计坡度，算出斜坡设计等高线间的水平距离。在这个例子中，地面等高线间距是 1m，斜坡设计坡度给定 1∶1，所以设计等高线间的水平距离是 1m，按照地形图的比例尺，在边线 *AB* 以北画出这些彼此平行且等高距为 1m 的设计等高线，如图中 *AB* 边线以北的虚线所示。每一条斜坡设计等高线与同高的地面等高线相交的点，称为零点，把这些零点用曲线连接起来，即为一条不填不挖的零线。在零线范围内，就是需要挖土的地方。

为了计算土方，要画出每一条设计等高线处的断面图（图画出了 68—68 和 69—69 两条设计等高线处的断面图）。在画出设计等高线处的断面图时，其起算高程要等于该设计等高线的高程。有了每一设计等高线处的断面图后，即可计算相邻两断面的挖方。

例如，*A*—*B* 断面和 68—68 断面间的挖方为

$$V_{68-68}=\frac{A_{A-B}+A_{68-68}}{2}l' \tag{5.13}$$

68—68 和 69—69 断面间的挖方为

$$V_{69-69}=\frac{A_{68-68}+A_{69-69}}{2}l' \tag{5.14}$$

式中　l'——相邻断面间水平距离，此例中 $l'=1\text{m}$。

最后，第一部分和第二部分的总和即为总挖方，填方的总和即为总填方。

2.8.3　等高线法

当地面高低起伏较大且变化较多时，可以采用等高线法。此法是先在地形图上求出各条等高线所围成的面积，然后计算相邻等高线所围面积的平均值，乘上此两等高线间的高差，得各等高线间的土方量，再求总和。类似于计算库容的方法，这里不再赘述。

学习单元2.9　地形图上面积量算

在地形图上量算面积的方法较多，应根据不同的情况选择不同的方法。常用的方法有几何图形法、膜方法、坐标计算法、图解法、求积仪法及全站仪法。

2.9.1　几何图形法

当所量算的图形为多边形时，可将多边形划分为若干个几何图形来计算。常用的几何图形有三角形、梯形和矩形等。一般是利用分规和比例尺，在图形上直接量出几何图形的各个几何要素（一般为线段长度），通过公式计算面积。如图 5.11 所示，欲求多边形 12345 的面积，可先将其分解成Ⅰ、Ⅱ、Ⅲ三个三角形，求出各三角形面积，其面积总和即为整个多边形的面积。

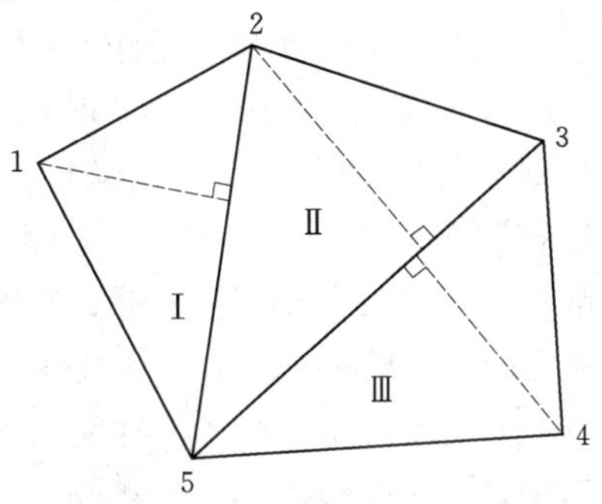

图 5.11　几何图形法

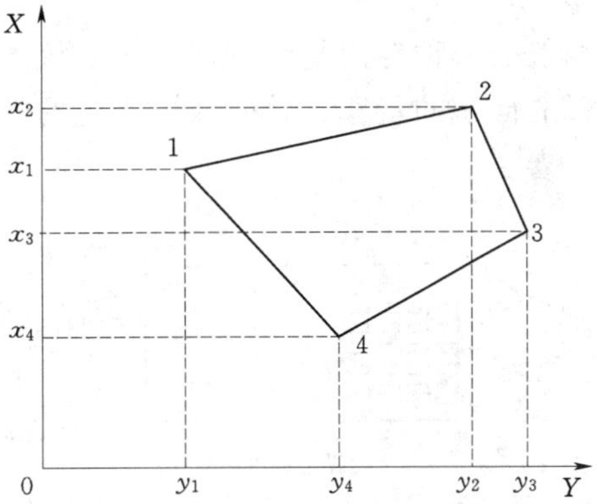

图 5.12　坐标计算法

2.9.2　坐标计算法

如果图形边界为任意多边形，且各顶点的平面坐标已经在图上量出或已经在实地测定，则可以利用多边形各顶点的坐标，用坐标计算法计算出面积。

如图 5.12 所示，1、2、3、4 为多边形的顶点，这四个顶点的纵横坐标值组成了多个梯形。多边形 1234 的面积 S 即为这些梯形面积的代数和。图中，四边形面积为梯形 $1y_1 2y_2$ 的面积 S_1 加上梯形 $2y_2 3y_3$ 的面积 S_2 再减去梯形 $1y_1 4y_4$ 的面积 S_3 和梯形 $4y_4 3y_3$ 的面积 S_4。

$$\left.\begin{aligned}S_1&=\frac{1}{2}(x_1+x_2)(y_1-y_2)\\S_2&=\frac{1}{2}(x_2+x_3)(y_3-y_2)\\S_3&=\frac{1}{2}(x_1+x_4)(y_4-y_1)\\S_4&=\frac{1}{2}(x_3+x_4)(y_3-y_4)\end{aligned}\right\}\tag{5.15}$$

$$S=S_1+S_2-S_3-S_4=\frac{1}{2}[x_1(y_2-y_4)+x_2(y_3-y_1)+x_3(y_4-y_2)+x_4(y_1-y_3)]\tag{5.16}$$

对于任意的 n 边形，可以写出下列按坐标计算面积的通用公式

$$P=\frac{1}{2}\sum_{k=1}^{n}x_k(y_{k+1}-y_{k-1})\tag{5.17}$$

或

$$P=\frac{1}{2}\sum_{k=1}^{n}y_k(x_{k+1}-x_{k-1})\tag{5.18}$$

2.9.3　图解法

图解法用于求几何形状规则的图形面积，常用图形为三角形、矩形和梯形。如果需要量测面积的图形不是规则图形，则可将其分割成若干个规则图形进行量测。计算面积时应按图的比例尺将图上面积化为实地面积。

2.9.4　求积仪法

求积仪是一种专门量测图形面积的仪器，其优点是操作简单，速度快，适用于任意形状的图形的面积的量算，并能保证一定的精度。求积仪有机械求积仪和电子求积仪两种。

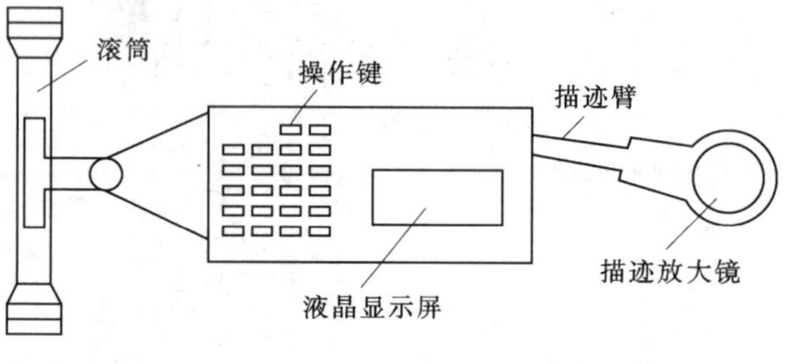

图 5.13　电子求积仪

电子求积仪也称数字求积仪。它是在机械求积仪的装置上加上了电子计算设备，电子求积仪测定面积的精度高，范围大，使用方便。如图 5.13 所示为 KP—90N 型动极式电子求积仪。使用时，先将扫描放大镜置于图形中心，使滚轴与描迹臂成 90°的角，然后打开电源，设定单位和比例尺。先在图形边缘上选一个量算起点，将扫描放大镜对准点后，按开始键，用扫描放大镜顺时针沿图形边界扫描一周回到起点，则显示数值即为图形实地面积。电子求积仪还可以进行重复量测同一面积取其平均值作为最后的结果，该平均值在按功能键后可自动显示。另外，在需要的时候，还可以累加测量，即可以累测两块以上的面积。电子求积仪的精度约为 1/5000。

2.9.5　全站仪法

该模式适用于计算闭合图形的面积，有一定的观测程序和步骤，能自动完成观测计算任务，条件许可时尽可能采用此法。

附录A　××省××区1：500地形图测绘技术设计书（样本）

A1　概况

为满足××建设用地的需要，受××规划部的委托，我公司对××大道两侧，进行1：500数字地形图测绘工作。整个测绘过程将于2008年11月结束。

测区位于××。地形图测绘具体范围：东至××，南至××，西至××，北至××。

地理位置：东经：114°27′28″，北纬：32°30′。

测区地貌：测区地势平坦，平均高程在23m左右，以水浇地、菜地为主，地面附着物以民用建筑及其附属设施为主，测区交通便利，沟渠纵横。

作业时间为：9、10、11三个月，因受季风气候影响，加以测区内草木茂盛，给测绘工作带来一定的难度。测区地形困难类别定为一般地区Ⅰ类。

A2　编制方案的技术依据

（1）《全球定位系统（GPS）测量规范》（GB/T 18314—2009），以下简称《GPS规范》。

（2）《国家基本比例尺地图图式　第1部分：1：500、1：1000、1：2000地形图图式》（GB/T 20257.1—2007），以下简称《图式》。

（3）《国家三、四等水准测量规范》（GB 12898—2009）。

（4）《城市测量规范》（GJJ 8—99），以下简称《规范》。

A3　已有测绘资料的利用方案

1. 平面控制点资料

测区附近有我公司2003年施测的E级点D002、C级点HA002两个GPS点。经踏勘检查，标志完好，成果可供利用。

2. 高程控制点资料

在测区附近有我公司2005年6月测的SW09和WD10两个国家四等水准成果。经踏勘检核无误。成果可作为本次测量起算成果。

3. 地图资料

测区有1997年1：10000的××县土地利用详查图，可以参考进行测区技术设计、控制网布设和踏勘选点工作。

4. 现有电子地形图资料

测区内有为四环路规划服务的1：500平面图，可作为本次工程的一部分使用。

A4　坐标系统和高程系统

1. 平面坐标系统

采用1954年北京坐标系。本次平面控制测量将采用中央子午线为114°的3度带投影的1954年北京坐标系，将测区附近的C、E级GPS点作为起算点。

2. 高程系统

采用 85 国家高程基准。

A5　地形图的比例及成图方法

本测区成图比例尺为 1∶500，基本等高距 0.5m。野外采用带有内存的全站仪进行施测，内业用计算机数字化成图。

A6　采用的软件系统

本测区数字化成图采用南方公司的 CASS7.0 数字化地形成图软件。软件系统的运行环境：①Windows XP Professional 操作系统；②AutoCAD 软件 2004 版本。

A7　平面控制测量

（1）以 C 级 GPS 点 HA002 为起算点，使用我公司为××城区所计算的国际第五推荐参考椭球与克拉索夫斯基参考椭球之间的转换参数。使用 RTK（9800）直接布设图根点，以测区内 D002（E 级）进行测区校正。图根点相对于 D002，点位中误差不得大于 5cm。测站点相对于邻近图根点的点位中误差，不得大于 15cm。

（2）控制点的命名、编号图根点编号为 S01、S02、…。

（3）控制点的设置。控制点应选在符合观测条件，通视良好，便于长期保存以及便于以后扩展的地方，在硬性路面宜埋石的点，打入铁钉（桩顶直径 1.5cm 以上）作标志，在铁钉顶用小钉凿出小眼，并在路面上用红漆圈示；在农田中埋设木桩，桩顶钉入钢钉作为中心标志。

（4）野外数据采集。野外观测采用中海达测绘公司的 V8GPS 动态接收机（标称精度为 2cm＋1PPm）。经××省测绘专用仪器计量站年检合格。

A8　高程控制测量

以测区东侧的四等水准点 WS09 为起算点附合到测区北侧的四等水准点 WD10。采用 DSZ3（S3 级）自动安平水准仪进行施测。测量方法：中丝读数法，读上、下丝计算距离，观测顺序为后一后一前一前。图根点相对于 D002，高程中误差不得大于 5cm。测站点相对于邻近图根点的高程中误差不得大于 5cm。

A9　地形测量与成图

A9.1　图根控制及其技术要求

因测区内农田较多，工矿居民点成条形分布，故直接在图根点上发展支导线，支导线须观测左、右角，具体技术要求详见表 A.1。

表 A.1　图根支导线的主要技术要求

项　目	要　求	项　目	要　求
支导线最长	900m	测角回数	1
单边最大边长	300m	圆周角闭合差	≤±40″
支导线最多边数	3	测边回数	单向 1 测回

A9.2　地形图测绘

1. 地形图测绘方法

碎部点数据采集采用 TOPCON GTS－211D 及 TOPCON GTS－311 型全站仪在测站

上直接采集碎部点坐标，存储在仪器内，现场实时绘制测站草图，供数字化成图时参考。碎部点数据采集主要技术要求如下，见表A.2。

表A.2　碎部点数据采集主要技术要求

项　目	要　求	项　目	要　求
图根点数(km^2)	60	测站定向角检核	≤1′
最大测距	地物点320m，地形点500m	固定方向归零检查	≤1′
角度读至	1″	仪器对中误差	2mm
距离读至	1mm		

2. 地形图绘图要求

（1）地形测图时，每一测站上的文件以当天日期命名。仪器架设在测站上，以较远的一点定向，用其他点进行检核，其角度检测与原角值之差不应大于1′。检测值超限时，应查明原因，在记录手簿上应写明。每站定向和检核后，可选远处目标固定明显、成像清晰的尖状构筑物（如电视塔顶、避雷针等）或房角为固定方向，测图过程中，应随时检查固定方向，固定方向归零差不应大于1′。定向点、检核点方向值以及每次固定方向检查值应存进测站文件中。当固定方向归零差超限时，应将固定方向值配置至原来方向值。碎部点测量从上一次固定方向归零检查处重测。

（2）测站点至碎部点的距离一般不得大于定向边的长度，特殊情况不得大于定向边长2倍。

（3）测量地物点时，应尽量多采集轮廓明显点坐标；测量地形点时，应尽量多采集地形特征点坐标。对于少数施测困难的地方，可用钢尺量取尺寸到厘米，在草图上标明，最大量距为30m。

（4）测量碎部点时，棱镜应尽量放置在所测点最近处，仪器应照准碎部点，测取碎部点坐标；对电杆以及近处的地物点进行偏心观测。

A9.3　地貌要素测绘及《1∶500　1∶1000　1∶2000地形图图式》（GB/T 7929—1995）（简称《图式》）运用

地物、地貌的各项要素的表示方法和取舍原则按《图式》规定执行。

1. 测量控制点

图根点用《图式》表示。

2. 居民地和垣栅

（1）房屋的轮廓应以墙基外角连线为准，对房屋不同层次、不同结构性质、主要房屋和附加房屋之间的关系，都应用分割线区分表示出来。

（2）房屋基脚轮廓线凹凸在图上小于0.4mm，简易房屋小于图上0.6mm时，可适当综合取舍。

（3）居民住房不注结构性质，只注层次。对房屋楼层高度低于2.2m和该层实际投影面积不足下层楼房面积范围1/2的假楼可不反映。图上房屋层次注记从2层起注。

（4）已建屋基或虽然基本成型但未建成的房屋，应绘出墙基外角的连线并加注“建”说明注记。

（5）居民院内高度不超过正常围墙高度的房屋，破坏房屋，面积小于2㎡的房屋，临时性的围墙、工棚，可搬移的售货亭不表示。

（6）凡土墙以及用草、油毛毡、石棉瓦、塑料制品等材料屋顶和用铁皮构建的房屋，均用简易房屋符号表示。

（7）房屋没有支柱的檐廊可不表示；有柱的檐廊用《图式》4.1.7表示，支柱配置表示，不代表实际位置；两端有支撑墙而中间无支柱的檐廊，用《图式》4.3.1.3表示；建筑部分超出房屋墙基的楼层称挑层，涉及三种情况，表示方法如下：①挑层宽度大于1m，挑层与主体房屋的分界线用虚线表示，当挑层宽度大于3m时，挑层应注记起、止楼层；②挑层小于1m时，虚线不绘，房屋的轮廓线以挑层的投影为准；③挑层下若有支柱，支柱配置表示，不代表实际位置。

（8）房屋中间或一角凹进，且上有盖顶，凹进部分外廓用虚线表示。

3. 道路及附属设施

道路测绘，要求等级分明、位置正确，应按真实路边线位置表示，线段曲直和交叉位置的形式要反映逼真，道路通过居民地不宜中断，可根据实际情况正确表示。

（1）等级公路应绘出铺面线、路基线。路肩宽度图上大于1mm依比例尺表示；小于1mm时以1mm绘出，并在图上每隔15～20cm注出公路技术等级代码，并加注材质。

（2）宽度在3～4m，能通行手扶拖拉机的道路，用大车路符号表示（《图式》6.4.1）。

（3）乡村路较密集时，可视通行情况依小路符号表示（《图式》6.4.3），但应成网，并反映疏密特征。双线道路下的涵管选取主要的涵管表示。

（4）图上宽度1mm以上的桥梁依比例尺用《图式》6.6.4a表示，其余的不依比例尺，用《图式》6.6.4b表示。

（5）宽度大于1m的涵洞用《图式》6.5.1a表示，小于1m的涵洞用《图式》6.5.1b表示。

（6）单位内部道路用《图式》6.4.4表示，并注记材质。

4. 管线及附属设施

（1）永久性的电力线、通讯线均表示，电杆、铁塔均按真实位置测绘。同一杆架上有多种线路时，只表示主要的一种，但在分叉、中断处需交代清楚。电力线、通讯线图内不连线，但应在杆架处和内图廓处绘出10kV以上电力线连线方向。进入房屋的简易线路可不表示。

（2）主要道路上、两边及单位内部的上水、下水、电力、通讯等检修井宜测绘表示。消防栓均应逐个表示。

5. 水系及附属设施

（1）池塘岸边线以上边线内侧绘出。水塘、鱼塘应加注“塘”或“鱼”，有水生作物的水塘，应加注水生作物名称。

（2）沟渠宽度超过0.5m以上以双线依比例尺表示。小于0.5m以单线表示，有堤的沟渠，其堤高出地面0.5m以上，按有堤岸沟渠用《图式》8.3.2表示。所有河流、沟渠均应绘出水流方向，单线沟渠在单线上注明水流方向。

6. 地貌

（1）等高线不绘制。

（2）比高大于0.5m的堤、坎、坡等均应表示。各种陡坎、斜坡图上长度小于5mm的可不表示；当坎、坡较密时可适当取舍。

（3）田埂宽度大于0.5m的用双线符号表示，其余用单线表示。田埂较密时可适当取舍。

7. 植被

（1）沿道路、沟渠、土堤、河流、水塘等成行排列的树林以行树符号表示。

（2）一年内分几季种植不同作物的耕地，应以夏季主要作物为准配置符号表示；其他旱地、水生经济作物以及园地均按《图式》规定表示。房前屋后、单位院子里的零星菜地不表示。植被符号按"品"字形标注，间距应均匀。

（3）居民住宅前的水泥场地面积大于图上1cm^2的用地类界表示其范围，并加注"水泥"，有线状地物的其范围以线状地物代替。

8. 碎部点高程测注

（1）高程注记点用RTK直接施测。

（2）高程注记点应尽量分布均匀，高程注记点间距15～23m。

（3）对于田角、房角、桥中心、道路交叉转折点、地形起伏变化处、单位的主要出入口等地形特征点应优先测注高程，双线道路、主要堤堆顶，图上每隔10～15cm测注一点。

9. 地理名称和注记

（1）工矿企业单位、机关、学校、医院以及有名称的桥、闸、河流都应正确注记名称。

（2）村组名称以村组合并后名称为准。全名称较长者可省略注出，但含义要确切。

（3）所有名称应使用国务院批准的简化字，方言字、地方字应注出拼音字母和汉字谐音。

（4）注记字体要清晰易读，指向明确。

10. 避让原则

地形图上各种要素配合表示，采用次要地物避让重要地物的方法，应符合下列规定。

（1）当房屋等建筑物边线与陡坎、斜坡、围墙等边线重合时，应以房屋等建筑物为准，其他地物可避让，位移0.3mm（指在图上移动0.3mm，下同）表示。当简易房、棚房以围墙为其墙时，以围墙表示简易房、棚房的墙。

（2）当两个地物中心重合或接近，难以准确表示时，可将重要的地物准确表示，次要地物移位0.3mm或缩小1/3表示。

（3）房屋、围墙等高出地面的建筑物与道路（双线路边线、单线路中心线）重合时，以建筑物边线为准，道路可移位0.3mm。

（4）独立性地物与道路、水系等其他地物重合时，可中断其他符号，间隔0.3mm，将独立性地物完整绘出。

（5）双线路边与双线沟边重合时，双线沟边移位0.2mm表示；双线路边与单线沟边重合时，单线沟移位 0.3mm 表示；单线路边与双线沟边、单线沟边重合时，单线路移位 0.3mm 表示。

（6）地类界与地面上有实物的线状符号（如道路、河渠、围墙等）重合，可省略不绘；与地面无实物的线状符号（如境界、电力线、通线线等）重合时，可将地类界移位绘出，不得省略；当植被被线状符号分割时，应在每块被分割的范围内至少绘出一个能说明植被属性的相应符号。

A9.4 数据、图形编辑

1. 测量数据编辑

野外采集数据存储在全站仪内，应及时传输到计算机中，数据传输软件采用南方 CASS7.0 数字化地形地籍成图软件。对野外采集的原始数据，不得作任何删改。输入计算机的野外数据文件名，应与全站仪内所存文件名相同，各天所采集数据以前一天点号加 1 向后延续或在展点号后以不同色彩加以区别，以便于数字地形图的编辑。

2. 数字化地形图成图

（1）数字化地形图成图采用南方 CASS7.0 数字化地形地籍成图软件。

（2）地形图分层，按 CASS7.0 软件自动分层。

（3）数字化成图的线条、注记应清晰美观，线型、线宽以及注记的规格、字体、字向、字距、字列按《图式》12.1～12.5 规定执行。

（4）居民地建筑物及面状附属物的边线应严格闭合，建筑物及其附属物的边线相交联结时必须使用“捕捉”方式生成。

A10 检查验收

（1）对本工程各项成果实行小组自查互校基础上的专职检查人员、技术负责人二级检查制度。

（2）作业小组对所做成果必须要全面地进行自查，确认无误后方可上交专职检查人员检查。

（3）生产期间，作业组必须加强过程检查，专职检查人员严格把住质量关，保证成果的质量。

（4）对成果质量检查的比例是：作业小组必须达到 100%；专职检查人员室内检查 100%，室外不低于 20%的检查；检查验收室外检查应达到 10%。

A11 提交资料

应上交的成果资料及附图：

（1）技术设计书 1 份。

（2）控制点成果表 1 份。

（3）控制点点位略图 1 份。

（4）数字化地形图（格式为 DWG 图形数据文件格式）。

（5）技术总结。

附录B　××镇1：1000地形测量及数字化成图技术总结

B1　概况

为准确掌握××镇区土地利用现状，全面进行城镇规划设计，促进经济发展，××县建委、××镇政府委托××工程测量所完成××镇1：1000地形图测绘及其数字化，并缩绘1：2000地形图的工作。测区范围南至××北至、东至××，西至××，总面积约$2km^2$。

测区中心位置为东经117°45′、北纬39°53′，隶属于××省××县，位××县城东10km，地处平原，102国道东西横贯该镇，公路交通方便。测区内主要以民用建筑、小型工厂、企事业单位、道路和农用耕地等为主。由于通行车辆较多，正值秋季作物生长期，给通视带来一定困难。

由于本区位置与标准分带的中央子午线距较远，为控制变形量，本次地形图测绘工作平面坐标采用东经118°为中央子午线，投影面采用参考椭球面。平均曲率半径采用6374320m。高程系统采用1985国家高程基准。为保证与国家标准坐标系统一，所有Ⅰ级导线控制点均提供其标准分带（中央子午线117°）的坐标。且地形图经过数字化后，重新按该分带分幅。

B2　本次作业主要的技术依据如下

（1）《城市测量规范》（CJJ 8—99），简称《规范》1。

（2）《国家基本比例尺地图图式　第1部分：1：500　1：1000　1：2000地形图图式》（GB/T 7929—1995）简称《图式》。

（3）《1：500、1：1000、1：2000地形图数字化规范》（GB/T 17160—2008），简称《规范》2。

（4）《大比例尺地形图机助制图规范》（GB/T 14912—1994），简称《规范》3。

（5）《中短程光电测距规范》（GB/T 16816—2008）简称《测距规范》。

（6）《××镇1：1000、1：2000地形测量及数字化成图技术设计书》。

B3　已有资料的利用情况

测区内及附近原有Ⅱ等点，位于××处，是1960年由国家测绘局施测，采用1954年北京坐标系（6度带坐标），1956年黄海高程系，其坐标和高程值分别为

$$x=4414839.99,\quad y=20574495.70,\quad H=16.83$$

另有由××测绘局大地测量队施测Ⅳ等GPS点，位于××处，其坐标值为

$$x=4416338.078,\quad y=20\ 565997.621$$

二点标石、觇标保存完好，张唐庄点存在觇标偏心，观测前以标石中心反投到觇标中心。同时，为保证起算数据的可靠性，加测二点的边长，以保证点位使用正确，结果认为以上二点可靠，可作为本次地形测量的起算数据。

B4　水平控制测量

本测区以5″导线网作为首级控制。其布设：以××点和××点，二点为起始点和定向点。沿102国道、政府路和幸福街等主要街道布设Ⅰ级导线点20个，组成4个环、6个结点的网络型导线网，其中最大边长约1100m（与起算点相连），最短边150m（受道路拐角处通视限制），平均边长314m。最长导线节长1130m。以上指标均符合《规程》要求。导线观测：用Ⅱ级光电测距仪（AGA116）和J2光学经纬仪分别进行边长和角度测量，采用三联脚架法施测，水平角测两测回，边长采用对向观测两测回，垂直角中丝法一测回，气象改正直接置在仪器上自行改正。所使用仪器均经过检校。导线平差采用大地委员会推荐的全国优秀程序选中的导线平差程序进行严密平差。平差结果为：平差后测角中误差为±2.5″，最弱点中误差（Ⅰ），m_x=±3.5cm，m_y=±2.2cm，m=±4.1cm。以上各项指标数据均足设计要求。Ⅰ级导线均为埋石点，且有翔实点之记。

B5　高程控制测量

测区高程以张唐庄（Ⅱ级点）的高程值作为高程起算据。首级高程控制采用四等水准测量的方法。水准点与Ⅰ级导线点重合，未另行埋设水准标石。水准测量采用DZS3型水准仪，区格式木质水准尺一对（带尺垫）进行观测。

水准测量采用严密平差。平差后观测高差中误差±0.2mm/km，满足规程要求。

B6　控制加密和地形测量

1. 加密控制

在一级导线网基础上直接布设图根导线。图根导线主要沿各主要街道布设，平均边长约100m。共布设5条、38点。各级图根据导线均从高一级平面控制点上发展，采用附合、闭合形式布设。

图根导线观测以J2经纬仪测定水平角一测回，边长以AGA116测距仪单向测距，其高程以三角高程进行观测计算。图根导线根据需要埋设了埋石。

图根据导线以简易平差法计算，其中最大方位角闭合差为－69″，最大导线全长相对闭合差为1/20991，满足规程要求。

2. 地形图测绘

1：1000地形图以大平板仪直接野外施测，测图中定向方向经过严格检查，且以其他点为方向检核。地物测定最远距离不超过80m，地形点测定最远不超过100m。图幅内容以《规程》要求严格执行。

B7　阶段性检查验收

野外测图基本完成以后，各小组进行全面自检，并组织了互检，互检图幅数为6幅，占37%。检查结果如下：

最大点位误差值为0.4mm，最大间距误差值为0.5mm，平均点位误差0.1mm，平均间距误差0.2mm。个别误差较大者均证实问题所在后予以改正。

××市测绘管理处和××县建委于2000年10月14日进行阶段性检查验收，验收通过后，转入内业数字化工作。数字化地形图经××县建委验收后，提交全部成果资料。

B8　地形图的数字化

1：1000地形图的数字化参照《规范》2、《规范》3和《图示》执行。以检核后野外实测铅笔原图为底图进行扫描，经过严格的纠正后，采用 AutoCAD R14 二次开发软件 SV300 进行屏幕数字化。图面内容分层管理。各种符合完全按《图示》制作。

根据《设计》要求，1：2000 地形图由 1：1000 数字图在计算机内直接缩绘而成，未直接测绘或编绘。

B9　成果资料的整理和上交

（1）本工程《技术设计书》1 份、本技术总结 1 份。

（2）平面控制测量的原始记录，控制点网图及点之记、平差计算资料及成果表。

（3）水准测量原始记录，计算成果资料。

（4）1：1000 地形图数字数据及回放聚脂薄膜图（厚度为 0.07mm）1 套及其蓝晒图 6 套。

（5）1：2000 地形图数字数据及回放聚脂薄膜图（厚度为 0.07mm）1 套及其蓝晒图 6 套。

（6）地形图分幅接合表 1 份。

（7）所用主要测量仪器的检定资料复印件。

B10　存在问题（省略）

参　考　文　献

[1] 王金玲．测量学基础．北京：中国电力出版社，2011.

[2] 李聚方，赵杰．地形测量．郑州：黄河水利出版社，2004.

[3] 赵文亮．地形测量．第二版．郑州：黄河水利出版社，2011.

[4] 牛志宏．水利工程测量．北京：中国水利水电出版社，2006.

[5] 武汉测绘科技大学《测量学》编写组．测量学．北京：测绘出版社，1993.

[6] 卢满堂．数字测图．第二版．北京：中国电力出版社，2011.

[7] 顾孝烈．测量学．上海：同济大学出版社，2006.